Süßwasser-Aquarium

Süßwasser-Aquarium

von Hans J. Mayland

Buch und Zeit Verlagsgesellschaft mbH · Köln

In gleicher Ausstattung sind erschienen:
»Alles über Pferde«
»Alles über Katzen«

Abb. Seite 2: Diskusfisch, Rottürkis-Variante (Zucht Blecha)

Abb. rechts: Porträt »Roter Oskar« *(Astronotus ocellatus)*

ISBN 3-8166-9727-5

Titelbild und Fotos: Hans J. Mayland, außer den folgenden, die uns die betreffenden Firmen freundlicherweise zur Verfügung gestellt haben:
Seite 20: Juwel; Seite 24: Eheim; Seite 26: Jäger
Zeichnungen: Archiv
Die Ratschläge in diesem Buch sind von Autor und Verlag sorgfältig erwogen und geprüft, dennoch kann eine Garantie nicht übernommen werden. Eine Haftung des Autors bzw. des Verlags und seiner Beauftragten für Personen-, Sach- und Vermögensschäden ist ausgeschlossen.
Gesamtkonzeption: Buch und Zeit Verlagsgesellschaft mbH, D-Köln

1999972792X7 2635 4453 6271

Inhalt

Einführung in die Aquaristik

Ein Stück Natur im Haus zu haben ist der Wunsch jedes Aquarianers. Wenn man die Haltung kleinerer Haustiere und die Möglichkeiten einer Stadtwohnung überdenkt, kommt man zu dem Schluß, daß dieser Wunsch mit einem Aquarium am saubersten wie auch am problemlosesten zu verwirklichen ist. Wie man die Sache angeht, und wie man sich den Traum erfüllen kann, erfahren Sie in diesem Buch.

Wildfangskalare
(Pterophyllum scalare)

»Feuermaulbuntbarsch« *(Cichlasoma meeki)*

Der natürliche Lebensraum der Aquarienfische

Aquarienfische kommen im allgemeinen von allen fünf Kontinenten unserer Erde. Die meisten stammen aus tropischen Gewässern, die aber trotz der Äquatornähe recht unterschiedliche Lebensbedingungen bieten. Daran sind in erster Linie die Böden beteiligt, über die die Flüsse ihren Lauf nehmen. Sind sie mineralreich, so wird das Wasser aufgehärtet; sind sie mineralarm, bleibt das Wasser weich.

In den meisten Fällen liegt der Ursprung der Flüsse im Hochland. Ihre Entstehung verdanken sie dem Wasser, das einmal vom Himmel gefallen ist – sei es nun in Form von Schnee oder Regen. Dieses Wasser entstand durch Verdunstung. Verdunstetes Wasser ist weich, da die ursprünglich darin gelösten Mineralsalze ja nicht mitverdunsteten, sondern auf der Erde zurückblieben. Also ist fast jedes Wasser, falls es nicht aus einer tiefen Quelle gespeist wird, ursprünglich weich.

Das größte Wasserreservoir der Welt, das Amazonasbecken in Südamerika, bezieht seine Zuflüsse aus dem umliegenden Hochland: dem Hochland von Guyana im Norden, der langen Kordillerenkette im Westen und dem Hochland von Mato Grosso im Süden. Da das Land, durch das all diese Ströme fließen, sehr mineralarm ist, sind die Gewässer des Amazonasbekkens als die weichsten der ganzen Welt bekannt. Die darin lebenden Fische sind dieser Wasserqualität angepaßt.

Gerade das Gegenteil dazu bieten einige Zierfischregionen Afrikas. Hier machen eigentlich nur das riesige Kongobecken sowie Flüsse an Afrikas Westküste eine Ausnahme, doch ist die Zahl der aus diesem Gebiet eingeführten Zierfische bei weitem nicht so groß wie die aus dem Amazonasbecken. Alle anderen afrikanischen Fangzonen weisen unterschiedliche Wasserhär-

ten auf. Die Lebensräume an der erwähnten Westküste befinden sich teilweise in Küstennähe, wo das Meerwasser mit seinem hohen Mineralgehalt zuweilen in die Flußläufe hinein vordringt.
Ein weiteres, erst in den letzten Jahrzehnten zu aquaristischen Ehren gekommenes Fanggebiet für Aquarienfische ist der Afrikanische Graben mit seiner Vielzahl von Seen, die ausschließlich basisches Wasser aufweisen. Aus diesem Lebensraum stammen die bunten Cichliden, Buntbarsche also, die sich in einer über Jahrtausende andauernden Evolution in diesen Seen verbreitet haben und im Laufe der Zeit jede ökologische Nische besetzten. So kommt es zum Beispiel vor, daß in den Natronseen in Kenia und Tansania trotz des überaus hohen Mineralgehaltes (dort werden im Jahr Zigtausende von Tonnen reinen Natrons abgebaut) und bei Temperaturen von über 40° C Fische leben und sich auch vermehren (*Oreochromis alcalicus grahami* im Magadi-See).
Man sieht, daß Fische hart sein können und das Vermögen haben, sich auch lebensfeindlichen Gegebenheiten anzupassen. Das geschieht aber nicht von heute auf morgen, und gerade der komplizierte Ablauf der Vermehrung braucht einen langen Spielraum, bis eine Gewöhnung von einem Extrem zum anderen durchgeführt ist. In einem so langen Zeitraum ist die Länge eines Menschenlebens nur ein Augenblick!

Natürlich spielen im Leben unserer Aquarienfische nicht allein die Wasserhärte und der Gehalt an gelöster Säure oder Base eine Rolle. Fische brauchen mehr: Sie benötigen einen entsprechenden Lebensraum, in dem das Element »Wasser« nur einen Teil einnimmt. Nicht alle Teile eines Fluß- oder Bachlaufes, eines Sees oder eines flachen Sumpfgebietes sind gleich. Manche Betten sind sandig, andere wieder felsig. Manche Gewässer fließen schnell oder haben gar Stromschnellen, andere wieder bewegen sich träge dahin oder stehen ganz.
All diese Regionen bieten oft sehr unterschiedliche Biotope (Lebensräume), in denen bestimmte Fischarten zu Hause sind. Diese mußten sich auch in Körperform, Ernährungsweise, Atmung, Vermehrung und Verhalten den Biotopen anpassen. So haben sich in langwierigen biologischen Prozessen friedliche und räuberische Arten gebildet, Schnellschwimmer und Bodenhocker, Majestäten und Rabauken. Viele davon möchten wir in unseren Aquarien pflegen. Da muß man dann schon überlegen, welche Arten zusammenpassen und welche man unter keinen Umständen miteinander vergesellschaften darf.
Aus diesem Grund sind auch in den Familien-, Gattungs- oder Artenbeschreibungen dieses Buches individuelle Ansprüche der Tiere angegeben, die es zu beachten gilt.

»Rotkopfsalmler« *(Petitella georgiae)*

Import und gewerbliche Vermehrung, Verkauf und Kauf der Fische

Aquarienfische, die man beim Händler erwirbt, können unterschiedlicher Abstammung sein. Meist läßt sich diese Abstammung schon vom Preis ableiten: Kostspielige Tiere sind in der Regel importiert. Man kann sie nicht kostengünstig nachzüchten und muß sie auf einem langen und schwierigen Weg aus ihren Heimatgewässern zu uns bringen. Das ist für viele der Tiere keine Kleinigkeit, und wer diese lange Reise unbeschadet überstanden hat, muß schon über eine gesunde Konstitution verfügen.

Beispielsweise werden die Roten Neonfische oder viele Panzerwelsarten, im Gebiet des oberen Rio Negro gefangen, in großen Plastikbehältern untergebracht und unter ständigem Wasserwechsel mit einem überdachten Boot in ein bis zwei Wochen zur Station in Manáus überführt, dorthin, wo sich Amazonas und Rio Negro vereinigen. Hier befindet sich auch der nächste Großflughafen, von dem aus die Fische später, wenn sie sich wieder erholt haben und erneut in Plastiksäcke und Thermokartons verpackt wurden, in alle Welt verschickt werden. Bis sie schließlich ihre endgültige Aquarienheimat gefunden haben, erlebten sie schon mehr als viele von uns in einem ganzen Menschenleben!

Fische, die beim Händler preiswerter zu haben sind, stammen fast immer aus Nachzuchten. Sie sind deshalb nicht schlechter. Im Gegenteil: Für die meisten im Gesellschaftsbecken gepflegten Aquarienfische ist eine bestimmte Robustheit nur von Vorteil. Diese Fische haben schon bewiesen, daß ihre Art auch härteren Anforderungen gewachsen ist, sonst hätte man sie nicht nachzüchten lassen. Auch die Ansprüche, die viele Fische an die Qualität des Aquarienwassers stellen, sind bei diesen Arten nicht so ausgeprägt: Sie sind schon domestiziert und haben sich aquaristischen Verhältnissen angepaßt.

Was muß man nun beim Kauf von Fischen beachten? Ein Fisch muß gesund sein und fressen. Das erkennt man an vielen kleinen Dingen: Zuerst einmal achtet man auf die Körperform, die man mit Artgenossen leicht vergleichen kann. Fische, die einen verbogenen Körper haben, nicht einwandfrei schwimmen oder in einer Ecke dahinkümmern, darf man nicht kaufen. Sie können verschiedenartige Krankheiten haben, Geburtsfehler oder innere Verletzungen. Weiterhin gehört zur Gesundheit eines Fisches eine glatte Oberhaut, die frei ist von irgendwelchen fremdartigen Belägen, blutunterlaufenen Stellen, kleinen weißen Punkten oder Glotzaugen. Auch diese Fische sind nicht gesund, und einige dieser Kennzeichen können auf ansteckende Krankheiten hinweisen.

Hat der Händler oder sein Gehilfe den Fisch herausgefangen und transportfähig in einem Plastikbeutel untergebracht, darf man, ob im Sommer oder Winter, keinesfalls stundenlang mit seinem neuen Pflegling spazierengehen, sondern man bringt ihn schnurstracks in seine neue »Wohnung«, das heimatliche Aquarium. Der Plastikbeutel ist lediglich ein vorübergehender Behelf.

Die Luft für den Fisch reicht nur eine begrenzte Zeit. Was aber noch wichtiger ist: Weder zuviel Wärme noch zuviel Kälte sind gut für den neuerworbenen Pflegling. Beides kann ihn krank machen, wie auch Säugetiere oder wir Menschen einen plötzlichen Temperatursturz meist nicht gut überstehen.

Zu Hause angekommen, soll man die Wassertemperatur im Plastikbeutel erst der im Aquarium angleichen, bevor man den Fisch in sein neues Reich entläßt. Um das zu erreichen, legt man den Beutel einfach eine Zeitlang auf die Wasseroberfläche des Aquariums. Nach 1–2 Stunden haben sich beide Temperaturen so weit angenähert, daß man den Beutel ausleeren kann. Ist er sehr klein, öffnet man schon den Verschluß gleich nach der Heimkehr.

Nun braucht der Fisch zuerst einmal Ruhe. Er muß sich in der für ihn neuen Unterwasserwelt umsehen, nach möglichen Feinden Ausschau halten und sich ein Versteck suchen. Erst wenn der Fisch sich sicher fühlt und ein festes Versteck gefunden hat, legt er seine schönsten Farben an und nimmt Futter auf.

Lebensraum unter veränderten Bedingungen oder ein Versuch, die Natur im Heimaquarium zu kopieren

Für Tiere und Pflanzen eines Aquariums bestimmt das Becken den Lebensraum. Es gibt eine große Anzahl von Typen, die so verschieden sind wie ihre Materialien und Größen. Aus biologischen und Ausstattungsgründen sollen sie mehr breit als hoch sein. Auch empfiehlt es sich, das Becken so aufzustellen, daß nur eine Scheibe Durchsicht gewährt. So kann man die Rückwand besser zu dekorativen Zwecken verwenden. Lediglich zur Zucht mancher hochflossiger Arten (Skalare) verwendet man mittelgroße Becken, deren Höhe in etwa ihrer Länge entspricht. Für ein normales Becken verhält sich die Länge zur Breite und Höhe ungefähr im Verhältnis 10:5:6 bis 10:3:4. Neue Formen, wie sie von Zeit zu Zeit auf den Markt gebracht werden, können sich meist nicht durchsetzen.
So begrenzt wie der Beckeninhalt des Wassers ist, muß logischerweise auch die Zahl der Fische und Pflanzen sein. Das Wasser ist ausschlaggebend! Die Zahl der Beckenbewohner richtet sich nach der Literzahl und nicht nach dem Fassungsvermögen des Beckens. Dabei muß das Volumen von Bodengrund und Steinen abgezogen werden. Theorien, nach denen man für einen Fisch bis zu 5 cm Größe bis zu 2 Liter Wasser als Lebensraum errechnen soll, sind nicht nur unsinnig, sie können sogar an Tierquälerei grenzen. Wollte man dieses Beispiel in unsere menschliche Welt übertragen, müßten wir sicher unser Leben in einer Speisekammer fristen!
Die meisten Fehler in dieser Richtung werden schon beim Kauf des Fisches gemacht, wobei oft nicht berücksichtigt wird, daß es sich hierbei, wie auch bei Pflanzen, um junge, noch nicht ausgewachsene Exemplare handelt, die in einigen Monaten bei guter Pflege unter Umständen ein Vielfaches der ursprünglichen Größe erreichen können. Fragen Sie darum den Händler nach der voraussichtlichen Endgröße Ihres Pfleglings. Sie tun allen einen Gefallen: Fischen, Pflanzen und schließlich auch sich selbst!
Besser als die angeführte »Regel« wäre folgender Vorschlag: Man rechne je Zentimeter (!) Fisch zwei Liter Wasser, wobei man diesem Maß wiederum eine Körperhöhe bis maximal zwei Zentimeter zugrunde legt (also zusammen 2 cm^2).
Beispiel 1: Das Fassungsvermögen eines Aquariums (100 x 30 x 40 cm) beträgt 120 Liter, wovon man mindestens 20 Liter als Volumen für Sand/Kies und Steine abzieht, so daß noch 100 Liter verbleiben. Es sollen hauptsächlich größere Fische von etwa 6 cm Länge eingesetzt werden, die in ihrer Körperhöhe die besagten 2 cm nicht überschreiten (6 x 2 = 12 bzw. 6 x 1,5 = 9). Man benötigt für diese Fische, wie errechnet, zwischen 9 und 12 Liter Wasser je Tier, also können 8–10 von ihnen eingesetzt werden. Weiter zu berücksichtigen sind Wachstum und eventuelles Revierverhalten.
Beispiel 2: In ein Becken von 80 x 26 x 38 cm = 79 Liter Fassungsvermögen sollen ein Schwarm von 15 Neonfischen (4 cm) und mehrere größere Tiere eingesetzt werden. Nach Abzug des Dekorationsvolumens verbleiben höchstens 65 Liter Wasserinhalt. Jungtiere, wie man sie meist kauft, haben erst eine Länge von 2,5 cm, so daß sie mit knapp 4 Liter Wasser auskämen. Wachsen sie jedoch nach wenigen Monaten auf ihre Endlänge 4 cm heran, benötigen sie (4 x 1,5 = 6) schon sechs Liter Wasser! So schnell kann sich eine solche Rechnung verschieben. Im Grunde ist, das Wachstum eingerechnet, das Aquarium mit 12 Tieren gut ausgelastet. Man muß entweder weniger »Schwärmer« wählen oder die größeren Arten ganz weglassen.
Solche Beispiele lassen sich natürlich beliebig variieren. Auch sind sie nicht frei von Mängeln. Das Leben im Aquarium ändert sich ständig. Die Tiere wachsen. Weniger gesunde sterben. Der Pfleger kann und soll nicht mit dem Rechenstab vor seinem Becken sitzen. Er muß sich nur hin und wieder an diese Voraussetzungen erinnern und eventuell auf den Kauf neuer Fische verzichten.

Das Aquarium

Der Wasserbehälter Aquarium ist das Grundelement der Aquaristik. Man soll sich jedoch vor der Anschaffung darüber klar sein, welche Ansprüche man an ein solches Becken stellt. Vor allem – und das sei hier deutlich gesagt: Man soll das Aquarium so groß wie eben möglich wählen! Natürlich nicht, um den Händler reich zu machen. Becken zwischen 80 und 150 Zentimeter Frontlänge nehmen genügend Wasser auf, um einen ausreichenden Lebensraum für bestimmte Zierfischarten und Gruppen zu schaffen. Fragen Sie Ihren Zoofachhändler, er wird Sie bestens beraten. Prüfen Sie auch Sonderangebote – aber nicht nur im Sinne Ihres Geldbeutels, sondern vor allen im Hinblick auf die Qualität des Beckens. Wer künftigen Ärger vermeiden will, der sollte, wie bei den meisten Dingen des Lebens, auch in der Aquaristik unbedingt auf Qualität achten!

Rote Neonfische
(Paracheirodon axelrodi)

In die Wand eingebautes Zimmeraquarium in einem Haus mit Hanglage, bei dem die Geschosse höhenversetzt sind, so daß das Aquarium im höhergelegenen Zimmer auf dem Boden steht

Beckenarten und -größen

Die aus Winkeleisen geschweißten Becken mit Metall- oder Drahtglasboden und eingekitteten Scheiben werden heute weder produziert noch angeboten. Der Rückgang dieser Beckenarten im Handel hat aber weniger mit »Mode« zu tun als vielmehr mit ihrem geringeren praktischen Wert für den Aquarianer. Wenn ein Rahmen vorhanden ist, besteht er heute aus Aluminium und ist eloxiert. Die darin eingelassenen Scheiben sind mit Silikonkautschuk verbunden und damit praktisch unbegrenzt wasserdicht. Das tragende Aluminium erfüllt nur noch den Zweck, die Kanten zu kaschieren (Juwel).

Es gibt auch sogenannte Teilgestellbecken, die nur aus einem unteren und einem oberen Rahmen bestehen, während die senkrechten Verbindungen lediglich in einem dünnen Silikonklebefalz zu suchen sind. Dieses für die Aquaristik geradezu prädestinierte Verbindungsmaterial gibt es farbig und transparent.

Ebenso werden Nur-Glas-Aquarien angeboten, deren Scheiben lediglich mit Silikon zusammengeklebt wurden. Die Gläser sind etwas stärker, so daß sie sich selbst tragen. Natürlich ist bei einem zusammengeklebten Aquarium die Qualität der Verarbeitung von ausschlaggebender Bedeutung. Die meisten Behälter werden aber mit Garantie geliefert.

Ob man sein Aquarium im Do-it-yourself-Verfahren herstellt oder es im Geschäft erwirbt – die Güte des Materials und entsprechende Sorgfalt bei der Herstellung entscheiden über seine Haltbarkeit.

Hier ein Tip für Selbsthersteller: Es muß sich bei der verwendeten Kartusche oder Tube um mit Aminsäure vernetzenden Silikonkautschuk handeln. Man kann das nicht nur an der Packungsaufschrift, sondern auch am Geruch erkennen: Mit Aminsäure vernetzender (= aushärtender) Silikonkautschuk hat einen leichten Essiggeruch. Der Vollständigkeit halber sei noch angemerkt, daß es noch »neutralvernetzende« und »chlorvernetzende« Kleber gibt. Bei der ersten ist die Adhäsionskraft jedoch nicht so gut, und die zweiten sollten nur am Bau verwendet werden.

Silikonkleber wie das Produkt »Novasil S 28« (Otto-Chemie, 8229 Fridolfing) ist speziell für die Herstellung rahmenloser Ganzglas-Aquarien entwickelt. Es erhielt das Prüfzertifikat des TÜV Rheinland e.V. (TÜV-Siegel) und bietet damit die höchstmögliche Sicherheit für hochempfindliche und damit teure Lebewesen. Novasil S 28 enthält nur Bestandteile, die in der Positivliste des Bundesgesundheitsamtes (182. Empfehlung Nr. 15 für Silikone vom 1. 3. 1989) enthalten sind. Farben: Transparent, weiß, grau, schwarz. Besonders neue Scheiben haben mitunter einen dünnen Fettfilm als Schutzschicht; es empfiehlt sich, die Scheiben mit reinem Azeton zu entfetten. Nagellackentferner eignet sich dazu *nicht!*

Seit Jahrzehnten kennen wir Gestellbecken, in denen die Scheiben eingeklebt sind. Nur verwendet man heute dazu Silikonkautschuk

Aquarien aus Plexiglas

Diese Aquarien sehen elegant aus. Bekanntlich läßt sich dieses Material biegen und verschweißen, zudem hält ein solcher Behälter ebenso lange wie jedes andere Aquarium. Plexiglas vergilbt nicht und verkratzt nur bei unsachgemäßer Pflege. Es ist damit für aquaristische Zwecke dem Glas gleichzusetzen. Moderne Plexiglasaquarien sehen aus wie aus einem Stück gearbeitet. Durch die Verwendbarkeit von unterschiedlich eingefärbtem Material ist es auch möglich, Rückwände und Leuchtkästen andersfarbig zu arbeiten. Dadurch wirkt ein solches Aquarium optisch bestechend.

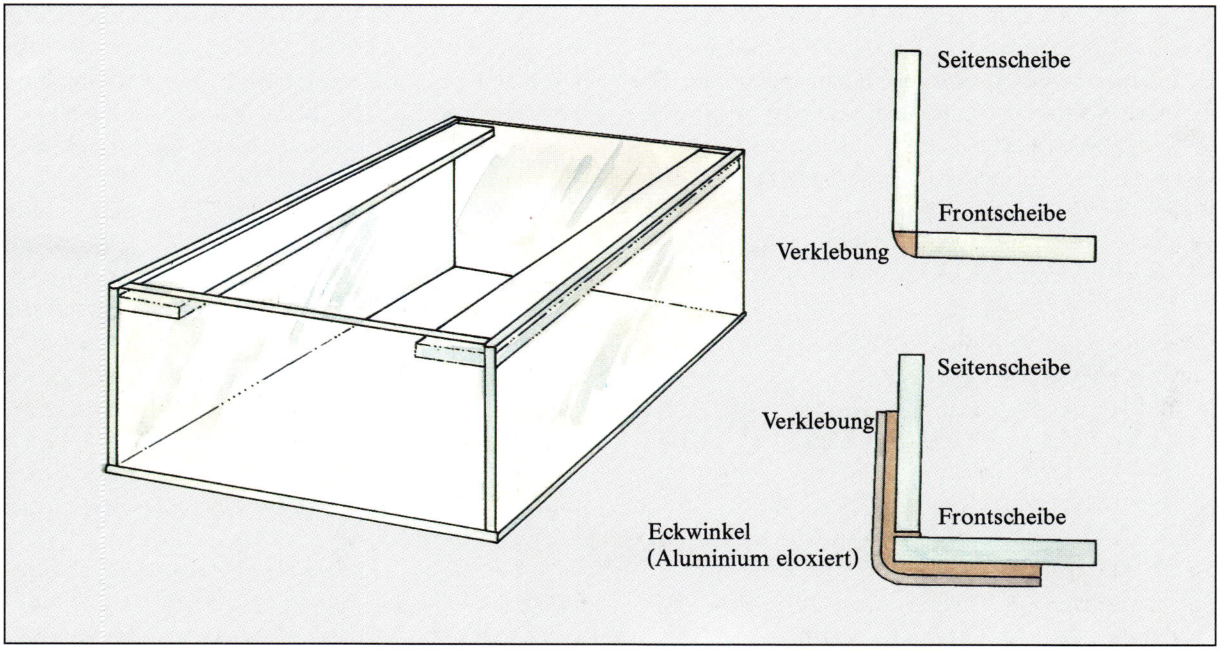

Nur-Glas-Becken sind, wie bereits der Name sagt, ausschließlich aus Glas gefertigt und von Silikonkautschuknähten zusammengehalten. Die Winkel können jedoch auf unterschiedliche Weise verklebt sein. Stabilisierende Längsstreifen aus Glas dienen gleichzeitig als Auflage für die Abdeckscheiben

Eternitbecken

Sie sind in zurückliegenden Jahren – vor allem bedingt durch die Verbreitung der Meerwasser-Aquaristik – sehr beliebt gewesen. Eternit-Aquarien sind schwer und haben meistens nur eine Frontscheibe; aber was heißt »nur«? Sie haben den Vorteil, daß sie rundherum korrosionsfrei sind. Schwer ist ein Aquarium ohnehin, wenn es mit Wasser gefüllt ist. Älteres Eternit war Asbestzement, der unter hohem Druck zu Platten verschiedener Stärke gepreßt wurde. In den letzten Jahren ist Asbestzement jedoch wegen der Gefahr seines krebserregenden Staubes ins Gerede gekommen. Bei der Verarbeitung (Sägen und Bohren) älteren Eternit-Materials darf man daher nicht ohne Schutzmaske arbeiten. Inzwischen wurde die Produktion jedoch umgestellt, und in modernem Eternit ist kein Asbest mehr vorhanden. Daher sollte man vorsichtshalber nur mit neuem Material arbeiten. Bei bestimmten Firmen kann man auch fertige Zuschnitte beziehen.
Da Eternit-Material unkontrollierbare Substanzen an das Aquarienwasser abgeben kann, müssen alle Innenflächen versiegelt werden. Dazu wird zweckmäßigerweise ein Zweikomponentenkunststoff verwendet (z. B. Krautoxin 1452), eine sehr dünnflüssige und daher schnell einziehende Versiegelung auf Epoxydharzbasis. Falls gewünscht, kann ein farbiger Anstrich aus dem gleichen Material (Krautoxin 1450) folgen. Er nimmt dem Becken den grauen Betonton. Ein solcher Anstrich ist, falls er richtig ausgeführt wird, praktisch unbegrenzt haltbar.

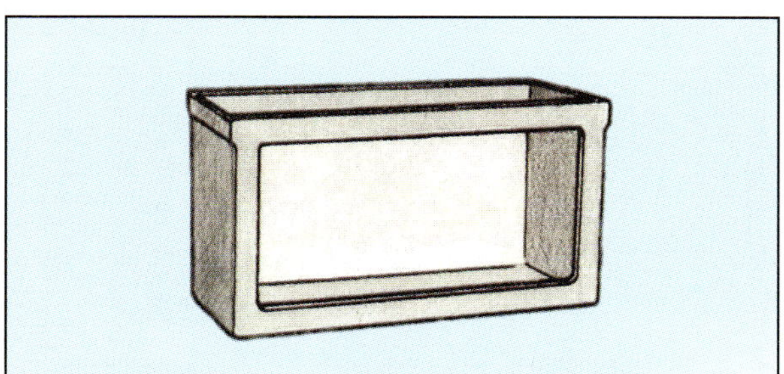

Fertige Asbestzementaquarien sind aus einem Stück gegossen und haben nur eine Frontscheibe, was in den meisten Fällen nicht stört

Kunststoffbecken

Die aus einem Stück gegossenen kleinen Kunststoffbecken sind meist Sonderverwendungen vorbehalten. Sie können reißen und sind deshalb mit Vorsicht zu behandeln. Deshalb sind sie nur bis zu einer Größe von etwa 36 x 26 x 24 cm (= 20 Liter Inhalt) zu empfehlen.

Schrankaquarien

Solche Aquarien können sehr wirkungsvoll und zum Teil auch raumgestaltend sein. Man versteht darunter Becken, die in Schränke, Vitrinen oder andere Möbel eingebaut sind. Sie sind komplett eingerichtet, haben also immer auch eine eingebaute Beleuchtung und überdies meist eine aufklappbare Abdeckplatte für die Bedienung.
Die meisten Schränke dieser Art sind heute außen wie innen aus kunststoffbeschichtetem Holz gearbeitet. Leider vergessen viele Hersteller dabei häufig, daß die in einem solchen Schrank entstehende Luftfeuchtigkeit sich trotz einiger ungenügender Luftschlitze als Kondenswasser niederschlägt und so durch die Fugen Einlaß in das innere Holz ermöglicht. Wenn Winkel und andere Nahtstellen nicht versiegelt sind, sollte der Aquarianer die Fugen im eigenen Interesse mit Silikonkautschuk nachdichten.
Aquarienschränke haben viele Vorteile, die besonders von ordnungsliebenden Mitbewohnern geschätzt werden: Der Beckenbesitzer hat einen eigenen Schrank und damit eine Ablage für all die kleinen Dinge, die sonst meist verstreut um das Becken herumliegen. Auch Filtertopf und Membranluftpumpe werden im Schrank untergebracht.
Alle handelsüblichen modernen Aquarien sind mit Auflagen zur Abdeckung mit Glasscheiben versehen, so daß die früher üblichen Zwischenlagen oder Blechklammern nicht mehr notwendig sind.
Je größer ein Aquarium ist, um so mehr wiegt es. Schwere Aquarien aber kann man nicht an jeder beliebigen Stelle eines Raumes plazieren. Zuerst einmal soll man sich darüber klar sein, welches Gewicht ein

Vitrinenaquarien sind oft auch deshalb beliebt, weil man sie als Raumteiler aufstellen kann. Hier ein Beispiel mit rustikalem Eichendekor aus der Juwel-Kollektion. Es gibt Beckenlängen von 80 bis 260 cm

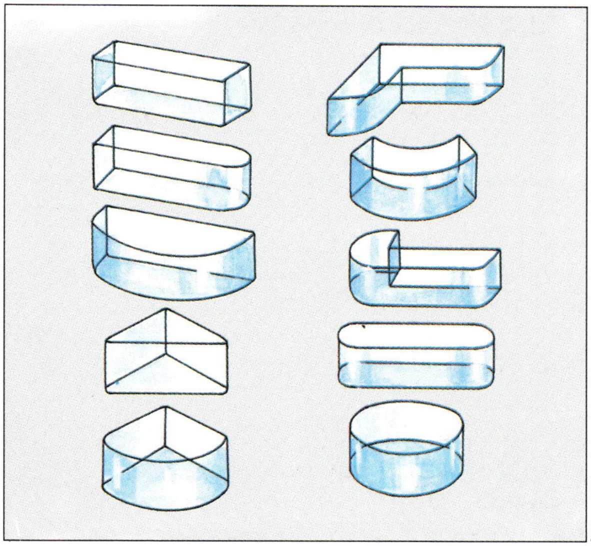

Plexiglas-Aquarien werden mit Hilfe eines speziell entwickelten Acrylglasklebers zusammengefügt. Er härtet, im Gegensatz zu anderen, unter Lichteinwirkung aus. Das Material ist verformbar

gefüllter Behälter hat. Das gilt nicht nur für die mögliche Belastbarkeit des Bodens, sondern in ebensolchem Maße für das Untergestell.

Manche Fischfreunde vergessen aus Liebe zum neuen Aquarium simple Überlegungen über die Tragfähigkeit des Gegenstandes, auf den das Becken gestellt wird. Ein kleiner Denkfehler schon kann den Fischbehälter in eine schiefe Lage bringen – von größerem Schaden gar nicht zu reden. Ein mit Wasser gefülltes Aquarium von 80 x 26 x 38er Norm faßt rund 80 Liter Wasser. Das sind etwa 80 kg Gewicht + Leergewicht des Behälters und des Untergestells. Kein großes Problem also, denn soviel wiegt mancher Mensch auch. Die Steigerung aber wird überraschen: Schon eine Erweiterung der Aquarienlänge um nur 20 cm auf das Normmaß von 100 x 40 x 50 cm erweitert das Fassungsvermögen auf 200 Liter = 200 kg. Das ist eine Gewichtserhöhung um über 150 %, denn auch das Leergewicht des Beckens ist ja gestiegen.

Der bestgeeignete Platz zum Aufstellen eines schweren Gegenstandes ist bei der üblichen Bauweise unserer Häuser die Nähe einer Zimmerwand. Unter ihr befindet sich ebenso eine Wand, und die Tragkraft der Decke ist an dieser Stelle begreiflicherweise größer als in der Zimmermitte.

Durch die Güte der heutigen Aquarienbeleuchtung ist man ohnehin davon abgekommen, diese Wasserbehälter in direkter Nähe eines Zimmerfensters zu postieren. Meist würden diese Becken zu schnell veralgen, da einseitiges, zu helles und unkontrolliertes Licht der Schönheit des Aquariums eher schaden als nützen kann. Man kann dieses »Möbel« also getrost in eine dunklere Zimmerecke stellen. Es wirkt dort um so besser, wenn es innen gut beleuchtet ist.

Um es an dieser Stelle gleich einmal zu erwähnen: Ein Aquarium braucht den ganzen (tropischen 12-Stunden-)Tag über Licht von oben, damit alle (bio)logischen Prozesse ordnungsgemäß ablaufen können. Es genügt nicht etwa, abends nach getaner Arbeit nun auch einmal seinen Fischen etwas Gutes gönnen zu wollen und ihnen das Licht einzuschalten. Das Leben von Fischen und noch mehr der Pflanzen benötigt zur Erzeugung der nötigen Energie tropische Sonne, die wir den Pfleglingen in Form von gutem und reichlich dosiertem Licht zukommen lassen. Wer hier sparen will, soll von der Aquaristik die Finger lassen.

Die technischen Hilfsmittel des Aquarianers

Ein Aquarium muß »laufen«, es muß sich etwas bewegen – wie in der Natur. Das sind in erster Linie Luft und Wasser, vielleicht auch Kohlensäure, die Pflanzennahrung.
Um all das in Gang zu halten, genügt es bei kleineren Aquarien, eine Membranluftpumpe einzusetzen, die die hier leichten Aufgaben, Luft und Wasser zu transportieren, erfüllt.
Werden die Becken größer, so reicht die Kraft der Luft oft nicht aus: Es muß eine elektrisch betriebene Filterpumpe her. Aus ersten bescheidenen Anfängen kann sich auf die Dauer eine anspruchsvollere Aquaristik entwickeln.
Mit technischen Geräten aber geht es wie mit vielen anderen Dingen unseres Lebens: Sie müssen gepflegt und gelegentlich auch gewartet werden.

Diese beiden bodennah aufgestellten Aquarien sind über eine Rohrleitung mit dem Filtersystem im Keller verbunden. Die kräftigste Arbeit ist dabei der Förderpumpe zugewiesen. Sie muß das Wasser über etwa 5 Meter empordrücken

Filter

Ein Filter dient der Reinerhaltung des Aquarienwassers. Je nach der Arbeitsweise spricht man von Innen- oder Außenfiltern, Schnell- oder Langsamfiltern. Für viele Aquarianer ist in erster Linie die optische Reinheit des Wassers maßgebend. Das allein ist aber leider zuwenig, denn nicht jeder Schmutz ist giftig, und nur selten ist Gift schmutzig. Die meisten Verunreinigungen entstehen durch Futterüberschüsse und Verdauungsrückstände der Fische.
Zur Wasserreinigung wird in der Hauptsache ein Filter benötigt. Früher wurde das Aquarienwasser mit Hilfe von seitlich angehängten Kleinstbehältern gefiltert. Erst die modernen Filter rechtfertigen jedoch ihren Namen.
Die Flüsse, Seen und Bäche in der Heimat der meisten Aquarienfische sind (noch) so unverschmutzt, daß ihr Wasser durch Selbstreinigung die als ideal bekannten Werte hält. Da Aquarienfische keine besonders großen Mengen Wasser zum Leben bekommen können, verschmutzt das Wasser der Aquarien zwangsläufig schneller. Selbst bei stärkerer Bepflanzung ist es fast nie in der Lage, die organischen und anorganischen Abfallprodukte mit der Zeit abzubauen, daß die ursprünglichen Idealwerte immer wieder erlangt werden. Hier hat die Filterung eine wichtige Funktion.
Um Mißverständnissen vozubeugen, muß zunächst einmal gesagt werden, daß kein Filter ohne unser Zutun (Wasserwechsel) bei hohem Fischbesatz das Aquariumwasser auf dem vorhin schon erwähnten Idealwert (falls es ihn überhaupt gegeben hat!) halten kann. Man muß dabei auch wissen, daß das Wasser sich verändert.
Um die Tiere bei richtiger Temperatur halten zu können, wird das Wasser erwärmt, das heißt, in der Regel wird es auf 24–26 ° C angeheizt. Ein Teil des Wassers verdunstet – aber nur reines Wasser! Die darin gelösten Mineralstoffe verdunsten nicht mit, sondern verbleiben im Wasserrest. Frisches Wasser wird nachgefüllt und enthält wiederum, da es ja meist weder teil- noch vollentsalzt ist, Mineralien.
Auf diese Art wird das Wasser im Aquarium immer »dichter«; denn die eingebrachten Stoffe konzentrieren sich mit der Zeit. Dabei verdichtet sich auch der Kalkgehalt und macht das Aquarienwasser immer härter. Meßreagenzien (z. B. zur Messung der Wasserhärte: Durognost, Dupla, Tetra) zeigen deutlich, wie schnell sich die Werte im Becken verändern können.

Wie läßt sich das Härterwerden des Wassers vermeiden?

Warmes Wasser verdunstet schneller als kühleres. Viele Fische werden zu warm gehalten. Das Heizgerät sollte nie wärmer eingestellt sein als nötig. Dadurch verdunstet das Wasser langsamer. Ideal wäre außerdem ein Nachfüllen mit sehr mineralarmem, etwa teilentsalztem Wasser, was besonders in den Gebieten gilt, in denen Leitungswasser eine Gesamthärte von über 20 Grad hat.
Wem diese Methode auf die Dauer zu teuer ist, der muß mehr als nur das verdunstete Wasser erneuern: Er muß einen Teilwasserwechsel durchführen. »Teil« deshalb, weil diese Art des Wasserwechsels für Tiere und Pflanzen bekömmlicher ist als etwa ein totaler Wasserwechsel. Die Aquariumbewohner haben sich an die Schadstoffe inzwischen gewöhnt und können sich nicht schlagartig umstellen, ohne Schaden zu nehmen. Ein häufigerer, kleinerer Wasserwechsel ist daher günstiger als ein sehr großer in größeren Abständen.

Biologisches Gleichgewicht

Es ist im Aquarium so gut wie nie herzustellen. Schon insofern nicht, als der normale Aquarianer sich aus Gewichtsgründen kein so großes Becken leisten kann, wie es notwendig wäre. Gerade das Verhältnis Fischanzahl zu Wassermenge ist eines der wesentlichen Hemmnisse, die das biologische Gleichgewicht verhindern. Am ehesten können vielleicht die bekannten holländischen Pflanzenaquarien – sehr große Becken mit meist phantastischen Pflanzenbeständen und nur geringer Fischzahl – dieses Gleichgewicht erreichen.

Wie wird nun richtig gefiltert? Um diese Frage zu klären, muß man sich zunächst einmal über die Verschiedenartigkeit und Wirksamkeit der einzelnen Filterarten informieren. Wie schon an anderer Stelle erwähnt, unterscheiden wir grundsätzlich zwei Filterarten: Innen- und Außenfilter, die wiederum unterteilt sind in Schnell- und Langsamfilter. Wie unterscheiden sie sich?

Der Innenfilter

Dieser Filter wird, wie schon sein Name besagt, im Inneren des Aquariums angebracht. Er ist also, was manchen Aquarienfreund stören mag, zumindest teilweise sichtbar. Die früheren Langsaminnenfilter haben ein durchsichtiges Kunststoffgehäuse in Dreieckform, das, mit Luftheber betrieben, in eine Aquarienecke gesetzt wird. Von Nachteil dabei ist, daß aller Mulm, der durch die Wasserumwälzung angezogen wird und sich in der Nähe des Filters ablagert, erst abgesaugt werden muß, will man den Filtertopf zum Reinigen herausnehmen. Der Erfolg ist ein heilloses Durcheinander unter den Fischen und eine todsichere Wassertrübung über längere Zeit.

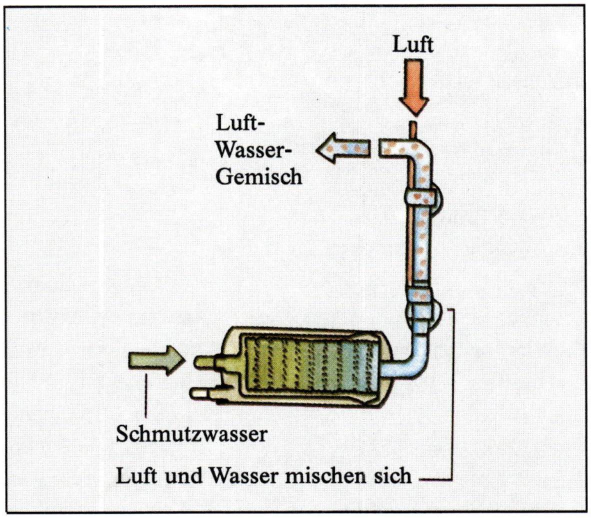

Patroneninnenfilter, das eine schnell auswaschbare Schaumstoffpatrone enthält

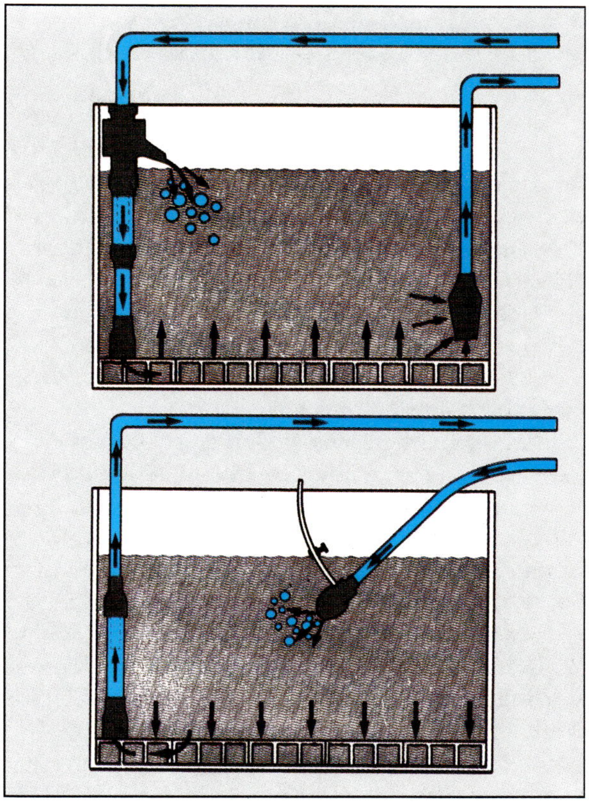

Bodenfilter (System Eheim) mit Wasserdurchfluß »von unten nach oben« (obere Abbildung) und »von oben nach unten« (untere Abbildung)

Besser geeignet und deshalb wohl auch in letzter Zeit häufiger verwendet sind die Patroneninnenfilter, die mit Saugern an die Aquarienscheibe geheftet werden und ebenfalls mit Luftheber arbeiten. Zum Reinigen wechselt man lediglich eine Schaumstoffpatrone gegen eine andere aus. Über eines muß sich der Aquarianer klar sein: Auch ein Filter muß häufig gereinigt werden. Er bindet nur den Dreck; er schafft ihn nicht aus dem Wasser!

Der Bodenfilter

Dieser Filter gehört auch zu den Innenfiltern, kann aber entweder nach dem Langsamprinzip oder nach dem Schnellfilterprinzip mit Hilfe eines außerhalb des

Beckens befindlichen Motorfilters (System Eheim) betrieben werden. Der Bodenfilter kommt also wieder zu Ehren!
Ebenso werden nun auch wieder die Diskussionen darüber beginnen, ob eine Durchflutung des Bodens auf die Dauer vorteilhaft ist oder nicht. Fest steht jedoch, daß der Bodengrund eines üblichen Aquariums normalerweise nicht mitdurchflutet wird und infolgedessen fast keinen Sauerstoff aufnehmen kann. Durch die Wasserbewegung, die mit dieser Art von Filterung auch im Bodengrund erzeugt wird, kann sich dieser mit Sauerstoff anreichern, so daß auch aerobe Bakterien sich ansiedeln können.
In einem sauerstofflosen Boden leben dagegen nur anaerobe Bakterien. Sie scheiden Stoffwechselprodukte aus, die die Faulschlammbildung begünstigen und vor allem den bekannten üblen Geruch alten, faulenden Bodengrundes hervorrufen. Diese Produkte sind meist für Fische und Pflanzen giftig. Im Gegensatz dazu erfüllen im Boden lebende aerobe Bakterien eine echte und nützliche Aufgabe: Sie bauen alle die in den Bodengrund gelangten Abfallprodukte zu biologisch unschädlichen Stoffen um. Die Gegner des Bodenfilters sind der Meinung, daß, speziell bei besonderen Nährböden, bestimmte nahrungsreiche Stoffe ausgeschwemmt werden und somit der Boden sehr von seiner Bedeutung verliert. Ergänzendes ist noch beim Thema »Pflanzen« nachzulesen.
Zwei Bodenfiltersysteme wurden erwähnt: Die langsame Durchströmung von unten nach oben und die schnelle Durchflutung von oben nach unten.
Mit der Druckseite des Motorfilters wird das Anschlußrohr des Bodendurchfluters (Zubehörteil) verbunden. Das im Außenfiltertopf gereinigte Wasser wird nun also unter die Bodenplatte des Filters gepreßt. Die Stärke der Durchflutung läßt sich durch eine Regelscheibe beeinflussen, so daß nur eine schwache Strömung durch den Boden treibt. Jetzt dient die gesamte Bodenfläche als zusätzlicher biologischer Filter, und der Boden verschlammt nicht mehr. Sehr feinkörnige Böden können dabei allerdings ebensowenig benutzt werden wie schlammbildende Zusätze (Lehm, Ton, Erde).
Zur schnellen Durchflutung von oben nach unten wird das Anschlußrohr mit der Saugseite eines Motoraußenfilters verbunden, so daß das Wasser durch den Boden zum Filter gesaugt wird. Damit der Schmutz und besonders die Schwebestoffe nicht im Boden haftenbleiben, muß eine besonders grobe Kieskörnung von fünf Millimetern und mehr auf die Bodenplatte aufgetragen werden. Ebenfalls muß ein Motor mit stärkerer Leistung als für das Becken allgemein üblich verwendet werden. Diese Art der Filterung ist nicht zweckmäßig für ein bepflanztes Aquarium, sie eignet sich aber beispielsweise hervorragend für die Haltung größerer Cichlidenarten, die ohnehin die Pflanzen wieder ausgraben würden.

Motorgetriebene Innenfilter

Sie zählen zu den Schnellfiltern. Von ihnen sind vor allem die Systeme der verschiedenen Turbelle-Modelle (Tunze) zu nennen, die überwiegend in der Meerwasser-Aquaristik benutzt werden; neuerdings bietet Eheim aber auch eine Serie moderner Innenfilter dieses Prinzips an, bei dem allerdings auch das Motorgehäuse im Aquarium unterzubringen ist. Da diese Pumpen eine hohe Leistung (bei geringer Wattaufnahme) haben, bringen sie eine kräftige Strömung ins Aquarienwasser. Manche Fische – besonders solche aus schnellfließenden Gewässern (Schmerlen) – lieben das, andere stört es. Bei einigen Modellen läßt sich der Durchlauf drosseln.
Diese motorbetriebenen Innenfilter bringen für den Aquarianer scheinbare Nachteile: Die schnelle Wasserumwälzung befördert auch aufgewühlten Mulm und ähnliche Verschmutzungen in kürzester Zeit in den Filtertopf, wodurch der Behälter relativ bald verschmutzt ist und dann nicht mehr genügend Wasser durchläßt. Der Fischpfleger muß ihn reinigen, da die Pumpe sonst nicht arbeiten kann. Wer das als Nachteil ansieht, muß bei genauer Überlegung einräumen, daß es ja, wie bereits erwähnt, nicht genügt, den Dreck an die Seite zu schaffen, man muß ihn auch aus dem Kreislauf herausbringen. Wer ihn weiter im Filtertopf beläßt, sorgt ungewollt dafür, daß die Rückstände das Wasser binnen kurzer Zeit mit Zersetzungsprodukten anreichern, wie das leider tatsächlich bei den großen Außentopffiltern häufig der Fall ist.

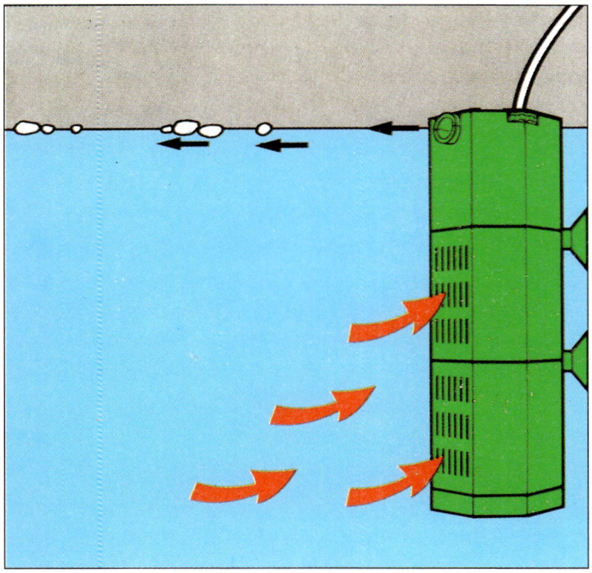

Motorbetriebene Innenfilter (hier System Eheim) sorgen in unterschiedlichen Stärken für gründliche grobe Wasserreinigung – auch in kleineren Aquarien

Außenfilter

Diese Filter setzen sich in der Aquaristik des Süßwassers immer mehr durch. Vermutlich möchten die Käufer nicht nur ein gut funktionierendes, problemloses Gerät besitzen, sondern auch ein optisch gefälliges Aquarium ohne allzuviel technisches Beiwerk. Es ist ja heute durchaus möglich, alle technischen Geräte außerhalb des Aquariums unterzubringen. In unserem Fall sieht man vom Außenfilter im Inneren des Bekkens nur den Stutzen des Wasserauslaufs.

Wieder unterscheidet man die langsamen und die schnellen Filter. Die Außenlangsamfilter werden mit Luftheber betrieben. Sie leisten durchschnittlich eine Umwälzung bis zu 200 Litern je Stunde, wogegen motorgetriebene Filter je nach Stärke der Pumpe ein Vielfaches dieser Leistung erbringen.

Ein luftbetriebener Außenfilter besteht meist aus einem rechteckigen Kunststoffbehälter, der oben offen ist, um die Filtermasse aufzunehmen. Das Wasser aus dem Aquarium fließt von oben her zu, durchwandert die Filtermasse (wobei die saubere Masse das Wasser reinigt) und wird dann von unten her durch ein Rohr mit Luftheber ins Becken zurückbefördert.

Von den motorbetriebenen Außenfiltern ist wohl die Gruppe der Eheim-Modelle am bekanntesten. Diese Filter werden für jede Beckengröße mit passendem Topfvolumen und entsprechender Pumpenleistung hergestellt. Der Durchlauf des Aquarienwassers erfolgt umgekehrt: Es wird von unten her in den Filtertopf eingeführt, durchläuft die verschiedenen Filtermassen (die in Beuteln bleiben) und wird dann mit Hilfe der Pumpe wieder ins Becken zurückgedrückt. Die Vorteile dieses »Topf-außen-Systems«: Die Schläuche des Zu- und Ablaufs erlauben eine Zwischenschaltung, etwa von UV-Strahler und Unterbodenfilter (s. d.); die Handhabung (z. B. Topfreinigung) ist sauber und einfach.

Nachteil: Abgesehen vom höheren Stromverbrauch (Turbelle/Leistung 500 Liter/Stunde = 8 Watt, Eheim/Leistung 400 Liter/Stunde = 30 Watt) verführt das Gerät zur Bequemlichkeit bei der Filterreinigung. Mancher »Fischfreund« kümmert sich nur alle drei bis

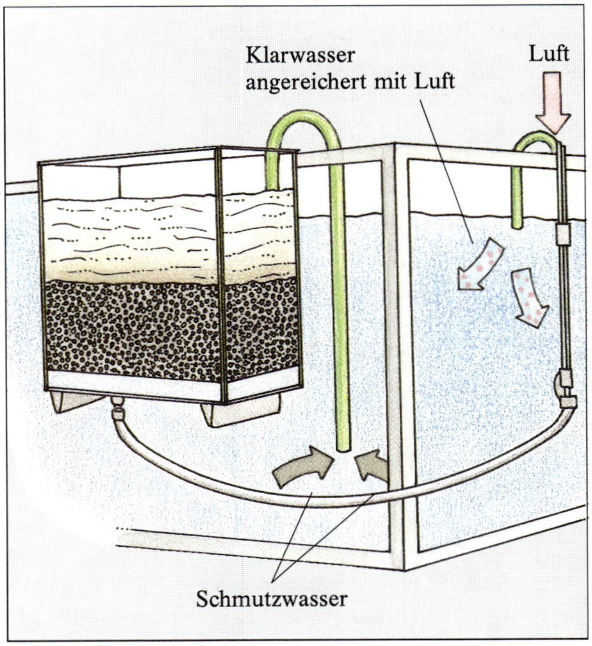

Außenfilter mit Luftheber sind in erster Linie für kleinere Aquarien entwickelt. Sie können unterschiedliche Formen haben, arbeiten jedoch nach dem gleichen Prinzip

Ein Eheim-Filter der stromsparenden neueren Generation. Zu beachten ist, daß es die Doppelhahn-Schnelltrennkupplung erlaubt, den gesamten Filtertopf zur Reinigung abzukoppeln

vier Monate (!) darum. Er könnte den Dreck ebensogut gleich im Aquarium lassen. Das Aquarienwasser erscheint mit einem stark verschmutzten Filtersack zwar optisch noch relativ rein; in Wirklichkeit befindet sich jedoch im Filtertopf die Kloake, durch die das Wasser immer wieder gepumpt und mit neuen Giftstoffen angereichert wird. Der Topf sollte mindestens alle zwei Wochen gereinigt werden.
Wie ist es möglich, daß die Pumpe trotz grober Verschmutzung des Filtersacks mit (fast) ungeminderter Leistung weiterlaufen kann? Weil das Wasser sich in einem so großen Topf immer eine Stelle sucht, durch die es fließen kann. Meist ist das Filtermaterial in Nylonsäckchen oder alten Damenstrümpfen untergebracht, doch nur in den seltensten Fällen schließen diese Hüllen an den Seiten des Filters so gut ab, daß nicht doch noch ausreichend Wasser vorbeigeleitet wird.

Filtermaterialien

Es gibt eine ganze Reihe unterschiedlich wirkenden Filtermaterials: Sand, Kies, Perlonwatte, Filterkohle, Torf oder neue synthetische Filterkombinationen, um nur einige zu nennen. Sand und Kies eignen sich bekanntlich zur Filterung sehr gut, besonders eine Kombination von beiden: Grober Kies/feiner Kies/Sand, weil in dieser Masse die feinen Schwebestoffe besonders gut zurückgehalten werden. Die unterschiedliche Körnung verhindert ein Verpappen und ein Zusammenrutschen der Masse. Da die Mischung jedoch unhandlich und von besonders hohem Gewicht ist, wird heute als Feinfilter zum Zurückhalten feinster Teilchen meist Perlonwatte verwendet. Sie ist leicht und einfach zu handhaben. Eine große Handvoll Perlonwatte auszuwaschen ist eine Kleinigkeit und in einer Minute beendet, wogegen man mit einem Sand-Kies-Gemisch wesentlich länger zu tun hat. Glaswatte, wie man sie gelegentlich noch zum Isolieren verwendet, ist für einen Filter auf keinen Fall geeignet. Sie ist sogar ziemlich gefährlich. Feine Teile davon, die gelegentlich ins Aquarium gelangen würden, könnten den Fischen den Tod bringen.

Filterkohle

Sie ist eine sogenannte Aktivkohle und wird verwendet, um dem Wasser organische Stoffe zu entziehen. Man füllt sie hinter die Grobreinigung (Perlonwatte), und zwar aus folgendem Grunde: Filterkohle hat eine sehr feinporige Struktur und kann nur wirksam arbeiten, wenn sie gegen grobe mechanische Verstopfung geschützt wird. Das an die Kohle herangebrachte Wasser muß also schon vorgefiltert sein, da sonst die Kohle in kürzester Zeit verstopft und damit unbrauchbar wird.
Das Vorfiltermaterial hat nur eine begrenzte Aufnahmefähigkeit für diesen Grobschmutz und muß – je nach Verschmutzungsgrad des Aquarienwassers – häufig gereinigt werden, weil es sonst seine Aufgabe nicht mehr erfüllen kann. Kohle soll, wie gesagt, organische Verunreinigungen entfernen. Sie kann das nur, indem sie die Eiweißrückstände zurückhält. Dieses

Eiweiß aber ist nichts anderes als die Vorstufe von Ammoniak, Nitrit und Nitrat – von Giftstoffen, die das Leben im Aquarium entscheidend ungünstig beeinflussen können. Nitrat ist die Endstufe im Stickstoff-Kreislauf und läßt sich auch durch Kohle nicht mehr entfernen.
Wer nun, wie im Abschnitt über den motorgetriebenen Außenfilter bereits gesagt, seinen Filterinhalt samt Kohle nicht oft genug auswechselt, hat lediglich die Schwebestoffe entfernt und nichts anderes erreicht. Die in der Kohle gespeicherten Eiweißrückstände zersetzen sich nämlich auch in diesem Filtermaterial, und die Umwandlung in das erwähnte Gift beginnt. Wer also Kohle als Filtermaterial wählt, muß sie auch konsequent auswechseln. In möglichst kurzen Abständen – sonst hat die Kohle überhaupt keinen Sinn. Praktisch gesehen aber ist ein häufiger Teilwasserwechsel die bessere und preiswerte Lösung.

Torffilter

Dagegen ist Torf zum Filtern bzw. für die Pflege der meisten Aquarienwasser gut geeignet. Er kann sich günstig auf das gesamte Leben im Becken auswirken. Das hängt jedoch allein von der Qualität des Materials ab. Torf und Torf ist nicht dasselbe. Die eine Qualität kann hoch wirksam, die andere wertlos sein, weil der Gehalt an Huminstoffen, abhängig vom Herkunftsort, recht unterschiedlich sein kann.
Ein weit verbreiteter Irrtum ist, jeder Torf sei sauer. Das stimmt nicht! Sauren Torf aber sucht der Aquarianer ja gerade. Es sind heute für gärtnerische Zwecke »verbesserte« Torfe im Handel, die mit vielerlei für den Aquarianer unkontrollierbaren Düngepräparaten und anderen Stoffen angereichert sind. Aquaristisch gesehen ist dieser Torf nicht verbessert, sondern verschlechtert. Man sollte sich vor diesem Material hüten! Die vom zoologischen Fachhandel angebotenen Aquarientorfe sind zwar auch meist sehr unterschiedlich in der Ansäuerung, doch sind sie grundsätzlich für die Verwendung im Aquarium geeignet.
Der Torf verliert, ähnlich wie die Filterkohle, nach einer gewissen Zeit an Wirkung. Er ist »leer«, und sein Ansäuerungseffekt hat nachgelassen. Das geschieht unabhängig von der damit beschickten Wassermenge. Der Torf ist verbraucht und hat damit gerade noch den Wert einer Fußmatte. Er muß erneuert werden.
Was soll das nun alles? Wasseransäuerung, Huminstoffe? Torf enthält neben Huminstoffen und organischen Säuren auch hormonartige Stoffe, weshalb Gärtner in aller Welt dieses Material zur Aufzucht von Jungpflanzen und anderen empfindlichen Zuchten (z. B. Orchideen) verwenden. Torf färbt das Wasser bräunlich. Das sagt natürlich (s. o.) noch nichts über seine Qualität für aquaristische Zwecke aus.
Bekanntlich sind die Bakterien in einem Aquarium maßgebend daran beteiligt, daß die organischen Rückstände zersetzt und ab- bzw. umgebaut werden. Viele Aquarienwasser, die nicht richtig gepflegt werden, sind überladen mit Schmutzstoffen. Die Folge ist in solchen Fällen, daß sich die Aquarien zu Brutstätten von Bakterien entwickeln. Es kommt zu Wassertrübungen, die durch Vermehrung der Protozoen (Einzeller) entstehen. Fische wie Pflanzen zeigen bei einer solchen mit dem Auge oft nicht wahrnehmbaren Vermehrung der Bakterien stets eine negative Reaktion. Mit der Torffilterung treten wir diesem Problem entgegen. Richtig durchgeführt, vermindert sie die Keimzahl im Aquarienwasser. Viele der empfindlichen und als schwer zu züchten bekannten Aquarienfische (Rote Neon, Diskusfische u. a.) sind zweifellos besonders bakterienempfindlich. Gerade ihre Zucht gelingt nur in entsprechend präpariertem Wasser.
Wie schon besprochen, verbraucht sich der Torf unter Umständen schnell. Sein Abbau im Aquarium ist abhängig vom Umfang der Fischbesetzung und dem damit verbundenen Bakteriengehalt des Wassers. Die Torfsubstanzen werden von den Bakterien allmählich zersetzt, und der Torf muß erneuert werden. Da nicht jeder Torf gleiche Eigenschaften und gleichen Gehalt an Huminstoffen hat, ist es schwer, präzise Angaben zu machen. Durchschnittlich sollte ein Torffilter alle 3–4 Wochen erneuert und dabei zugleich ein Teilwasserwechsel vorgenommen werden.

Die Heizung

Ständige Heizung des Aquarienwassers und somit eine geregelte, gleichmäßige Wärme ist für Fische der Tropen unerläßlich. Lediglich die wenigen gepflegten sogenannten Kaltwasserfischarten können in ungeheizten Aquarien gehalten werden.

Die ursprünglichen Heimatgewässer unserer Pfleglinge werden durch Luftwärme, die sich dem Wasser mitteilt, sowie durch Licht, das sich nach dem Eindringen ins Wasser in Wärme umwandelt, erwärmt. Diese Wärmeeinwirkungen sind geographisch und jahreszeitlich sehr verschieden.

Für die meisten tropischen Fische liegen die Haltetemperaturen zwischen 22 und 26° C und können während der Laichzeit bis über 30° C ansteigen (sofern es sich nicht um Tiere handelt, die in der kühleren tropischen Regenzeit ablaichen).

Im Winter tritt zur Zeit der verkürzten Tage von November bis Februar eine Erholungspause für Fische und Unterwasserpflanzen ein. Dabei kann auch die Temperatur je nach den gepflegten Arten um etwa 2° C heruntergestellt werden. Für Kaltwasserfische sollen in dieser Periode die Temperaturen möglichst um 14–10° C gehalten werden.

Weil das Leben in einem Aquarium keinen starken Temperaturschwankungen unterliegen darf, soll man den Behälter nicht an Stellen plazieren, an denen diese Schwankungen stattfinden könnten (zugiger Durchgang, Nähe der Heizung usw.). Plötzliches Absinken der Temperaturen wirkt hemmend auf Stoffwechsel und Blutkreislauf der Fische und mindert ihre Widerstandskraft gegen Krankheiten. Deshalb ist auch ein regelmäßiger Ganzwasserwechsel sowohl für Fische als auch für Pflanzen nachteilig. Die damit verbundenen Wärmeschwankungen bewirken oft Erkältungserscheinungen und somit Anfälligkeit gegen Infektionen verschiedener Art. Ebenso kann eine erkältete und damit entzündete Schwimmblase das Schwimmvermögen stark herabsetzen und den Fisch in Bedrängnis bringen.

Elektrische Heizungen, wie wir sie heute kennen, sind meist nach dem Prinzip des altbekannten Tauchsieders konstruiert. Die Wattzahl des Heizers soll etwa der Literzahl des Aquariumwassers entsprechen. Sein Wärmevermögen soll der durchschnittlichen Zimmertemperatur angepaßt sein, denn aufgeheizt muß das Wasser nur um so viel werden, wie es wärmer als die Raumtemperatur sein soll.

Man unterscheidet im Prinzip zwei Arten von Heizstäben: den einfachen Heizstab, der über einen gesonderten Regler eingestellt wird, und den Regelheizer, in dem das Regelelement zusammen mit der Heizung untergebracht ist. Für kleinere Becken wird man zweifellos den Regelheizer verwenden.

Wer sich jedoch größere Becken anschafft (über 100 cm Länge), der fährt besser dabei, wenn er die nötige Anzahl von Heizstäben kauft und dazu nur einen Regler. Je nach Strömungsverhältnissen im Aquarium kann es günstiger sein, statt eines Stabes mit hoher Wattzahl mehrere Heizröhren mit geringerer Wärmeausstrahlung an verschiedenen Stellen einzuhängen, da auf diese Art die Wärme besser verteilt wird. Meist

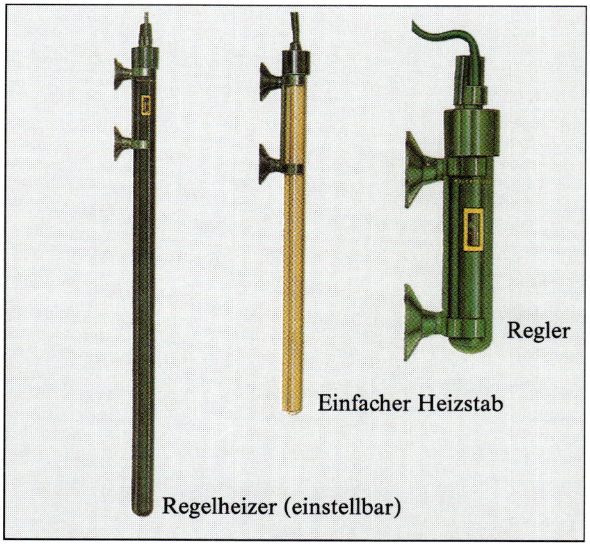

Traditionelle und preiswerte Glasheizstäbe (hier Fabrikat Jäger). Im linken ist ein Regelelement untergebracht. Der separate Regler (rechts) erlaubt den Anschluß mehrerer, durch ihn gesteuerter einfacher Heizstäbe (Mitte)

ist das aber durch die gute und ausreichende Leistung der Filterpumpen nicht mehr nötig.
Heizstäbe werden mit Hilfe der mitgelieferten Halterungen an den Seitenwänden der Aquarien angebracht. Die Glasrohre umfassen ein Isolierrohr, um das ein dünner Draht gewickelt ist. Dieser Draht erwärmt sich bei Durchfluß des Stroms. Zusätzlich wird ein meist grüner Sand in das Glasrohr gefüllt; er stabilisiert das Isolierrohr im Glaskolben und sorgt für eine gleichmäßige Verteilung der Wärme.

Wichtig: Heizer dürfen weder in den Bodengrund eingelassen werden, noch sollen sie die Aquarienglasscheibe berühren!

Die Einzelregler bestehen meist auch aus einem etwas kürzeren Glasrohr, in das das Bimetallelement eingelassen ist. Regler und Heizstab werden über eine Kupplung verbunden. Dieser Regler hält konstant die einmal eingestellte Temperatur. Er schaltet sich dabei selbständig ein und aus.
Eine weitere Möglichkeit ist die Verwendung von Thermostatschaltgeräten. Sie sind besonders für Zuchtanlagen zu empfehlen. In derartigen Anlagen »hängen« mehrere gleichgroße Becken, die mit gleichstarken Heizstäben ausgerüstet sein müssen, an einem einzigen Thermostatgerät. Durch eine Feineinstellung mit sehr geringen Abweichungen wird dabei die eingestellte Wärme so exakt gehalten, wie es manche empfindlichen Arten benötigen.
Noch eine Möglichkeit, das Wasser zu erwärmen, bietet eine gute Bodenheizung. Sie besteht aus einem mit Silikonschlauch ummantelten Heizkabel, das auf der inneren Bodenscheibe des Aquariums angebracht wird. Gute Anlagen arbeiten im Niederspannungbetrieb (42 Volt), und die von ihnen benötigte Energie muß daher über einen Sicherheitstrafo hinuntertransformiert werden. Gesteuert wird die Wärme dann über einen regelbaren Thermostaten.
Der Vorteil neben der Sicherheit der (nur) 42 Volt: Da sich das Kabel im Boden befindet, wird dieser (und mit ihm vor allem die Pflanzenwurzeln) ebenfalls erwärmt, denn die erzielte Wasserwärme strömt – einem physikalischen Gesetz folgend – gleichmäßig nach oben und durchwärmt so das ganze Aquarienwasser (Dupla).

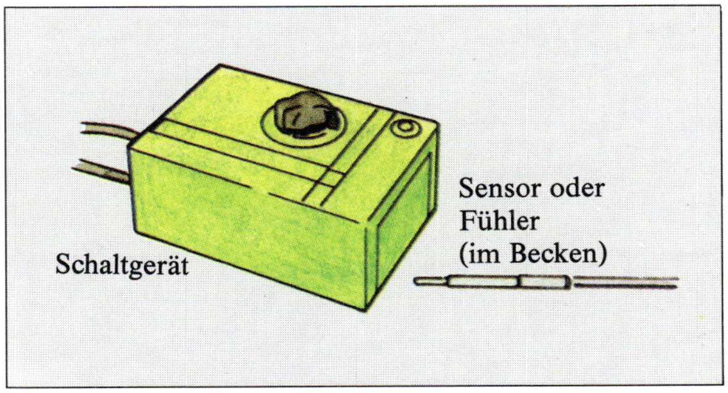

Thermostate wie dieses (Biotherm) regeln die Wassertemperatur von außen und steuern mit Hilfe eines angeschlossenen Fühlers, der in das Aquarium gehängt oder (versteckt) von außen an die Scheibe geklebt wird

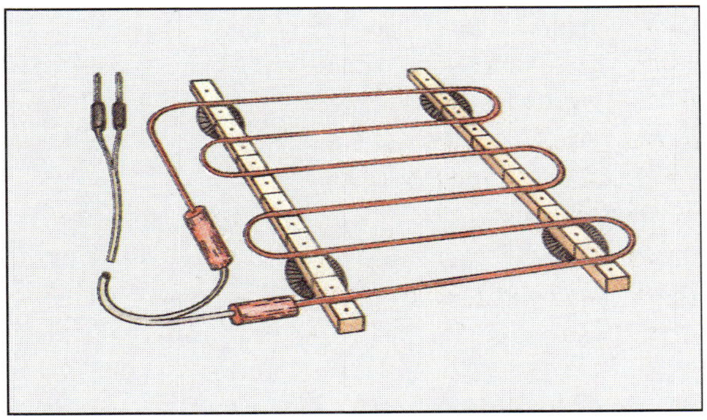

Kabelheizungen verlegt man mit Saughaltern in Windungen im Beckeninneren über dem Boden und bedeckt sie mit dem Bodengrund

Aquariumheizungen selber herzustellen ist nicht nur teuer, sondern vor allem auch gefährlich. Alle käuflichen elektrischen Geräte für die Aquaristik tragen heute das VDE-Gütezeichen, das für sachgemäße Verarbeitung und Sicherheit garantiert.
Gerade im Zusammenhang mit Wasser kann ja Strom gefährlich werden. Jedes E-Werk hat entsprechende Vorschriften erlassen. Verstöße dagegen lassen den Bastler im Falle eines Unfalls fast immer zum Schuldigen werden. Kein Aquarianer sollte sich und vor allem auch seine Kinder einem Risiko aussetzen. Die Folgen können unabsehbar sein.

Strömung und Wasserdurchlüftung

Diese beiden Faktoren werden von vielen Aquarienbesitzern falsch eingeschätzt. Nicht jede Luftblase, die man ins Aquarium gibt, bringt Sauerstoff ins Wasser. Viele sorgen nur für einen Wirbel, der zwar das Wasser bewegt, aber an seiner Aufgabe, das Aquariumwasser mit Sauerstoff anzureichern, »vorbeiwirbelt«.
In einem Süßwasserbecken ist die Wasserströmung meist nicht so wichtig wie in den Behältern, in denen Meerestiere (Fische und vor allem Wirbellose) gepflegt werden. Das Wasser jedoch muß in jedem Fall belüftet werden, wenn man nicht ausschließlich Labyrinthfische (siehe Familienbeschreibung) pflegt. Je größer die Beckenoberfläche ist, um so mehr Luft kann das Wasser dort aufnehmen. Wichtig für die Wasserstoff-Kohlendioxid-Zirkulation an der Wasseroberfläche ist aber auch die Reinheit an dieser Stelle. Gelegentlich kann sich eine sogenannte Kahmschicht bilden, die eine ausreichende Verbindung zwischen Aquarienwasser und Außenluft nicht zuläßt. Eine solche schillernde, vor allem für Oberflächenfische gefährliche Schicht muß mit Fließpapier oder einem Leinenbeutel mehrmals abgesaugt bzw. »abgefischt« werden. Eine modernere Methode ist der Einsatz eines Oberflächenabsaugers in Zusammenarbeit mit einem motorbetriebenen Außenfilter.
Der wesentliche Bestandteil der Luft für das Aquarienwasser ist der Sauerstoff, der auch vom Wasser reichlicher angenommen wird als beispielsweise der Stickstoff. Daher ist die im Wasser gelöste Luft relativ sauerstoffreicher als die atmosphärische.
Verhältnismäßig hoch ist der Sauerstoffgehalt in kühlem Wasser, in stark bewegten Gewässern oder in Wassern mit reichlichem Pflanzenwuchs. Aus stark geheizten Becken dagegen entweicht Sauerstoff schnell. Die Fische stehen dann mitunter stark und kurz atmend und bekommen trotz schnellerer Atmung nicht genügend Sauerstoff. Die vorher genannten Labyrinther (Fadenfische, Guramis) sind diesen auch in der Natur vorkommenden Verhältnissen durch eine besondere Atmung angepaßt.
Sauerstoffmangel führt auf die Dauer zur Schwächung der Widerstandskraft. Die meisten Fische hängen dann an der Wasseroberfläche und atmen in der erwähnten Weise. Diesem Sauerstoffmangel begegnet man am besten durch einen teilweisen Wasserwechsel in gleicher Temperatur. Eine starke Zugabe Luft aus einem Ausströmer kann die gleichen Dienste tun.
Falls die Ursache für den Sauerstoffmangel in einer Überbesetzung an Fischen oder in starker Mulmansammlung (Mulm verbraucht viel Sauerstoff) zu suchen ist, müssen diese Fehlerquellen schnellstens beseitigt werden.

Membranluftpumpen

Diese Luftpumpen gibt es in verschiedenen Leistungsstärken. Sie pumpen meist zwischen 100 und 300 Liter Luft in der Stunde, gemessen an einer Wasserhöhe zwischen 50 und 100 cm. Ihr Arbeitsprinzip ist relativ einfach: Ein Elektromagnet setzt eine Membrane in schwingende Bewegung; durch ein Ventil wird die angesaugte Luft in den Schlauchstutzen gedrückt.
Die Pumpe muß eine ausreichende Leistung (Luftmenge) erbringen, denn sie hat auch Widerstand in Form des Wasserdrucks im Becken zu überwinden. Außerdem bietet der Ausströmerstein mit seinem oft sehr feinporigen Material einen gewissen Widerstand. Versuchen Sie einmal die »Pusteprobe«, indem sie anstelle der Pumpe in das andere Schlauchende hineinzublasen versuchen. Sie werden feststellen, wieviel eine so kleine Pumpe leisten muß.
Diese Art der Belüftung führt zwar nur, wie bereits erwähnt, zu einer relativ schwachen Sauerstoffanreicherung des Aquarienwassers, sie genügt aber den Fischen meist. In kleineren Becken dient sie in erster Linie dazu, eine gewisse Bewegung (Umwälzung) im Wasser zu erzeugen und damit die verschiedenen erwärmten Schichten zu vermischen.
Leider hat aber das Ausströmerverfahren auch einen erheblichen Nachteil, der allerdings beim Meerwasseraquarium noch störender wirkt als beim Süßwas-

serbecken: Die in das Aquarium abgegebenen Luftbläschen sind relativ groß; die in den Blasen enthaltene Luft verursacht einen so starken Auftrieb, daß die eingegebene Menge direkt an die Oberfläche schießt, dort beim Entweichen Wasserpartikel mit hochnimmt und gegen die Abdeckscheibe oder die Beleuchtungseinrichtung schleudert.
Da die meisten Aquarien ja nicht frei von gelöstem Kalk sind, setzt sich diese in Lösung befindliche Substanz an der Abdeckscheibe bzw. dem Lichtkasten und den Leuchtstoffröhren fest, wo sie nach dem Verdunsten des Wassers einen grauen, lichtundurchlässigen Film hinterläßt. Je nach Kalkgehalt des Wassers kann die Verschmutzung ziemlich schnell fortschreiten und für den Aquarianer regelrecht zur Plage werden.

So arbeitet eine Membranluftpumpe: Mit Hilfe eines vibrierenden Motors wird eine Kunststoffmembrane (rechts) in Bewegung versetzt. Sie saugt durch eine Bodenöffnung Luft an und drückt sie über einen feinen Schlauch an die gewünschte Stelle

Diffusoren

Hersteller der motorgetriebenen Außenfilter bieten seit langem sogenannte Diffusoren an. Ein Diffusor ist ein normales, zum System des Filteraufbaus passendes Rohr. An einer bestimmten Stelle ist entweder ein Luftansaugstutzen eingelassen oder die Kunststoffkonstruktion eines kleinen Hohlkörpers mit Ein- und Ausgang und zusätzlichem Luftstutzen, an den ein kleiner Plastikschlauch angeschlossen wird. Beide Geräte lassen sich vor dem Wasserausgang der Filterpumpe anbringen. Das meist unter einem bestimmten Druck ausgepreßte Wasser wird in jedem Fall an diesem Luftstutzen vorbeigeführt und reichert sich dabei mit feinperliger Luft an. Je feiner die angesaugten Luftbläschen sind, um so geräuschloser arbeitet der Diffusor. Diese Luft wird von der Filterpumpe ganz nebenbei mit ins Aquarium gebracht; auf diese Art wird keine gesonderte Membranluftpumpe benötigt. Dieser erwähnte kleine Plastikschlauch kann unterschiedlich lang sein: Er kann gerade über der Wasseroberfläche befestigt und offen sein. Die Luft würde in diesem Fall dem Zimmer entnommen. Eine weitere Möglichkeit wäre es, den Schlauch über das Zimmer hinaus ins Freie zu verlängern.
Dem umweltbewußten Tierfreund reichen beide Möglichkeiten oft nicht mehr aus. Das ist besonders dann der Fall, wenn er seinen Wohnsitz in einem luftverschmutzten Industrieviertel hat. In diesem Fall empfiehlt sich das Vorschalten eines Kohleluftfilters: Die angezogene Luft wird durch feinporige Filterkohle geführt, in der die meisten Giftstoffe hängenbleiben.
Wer einen Diffusor verwendet, sollte deshalb die Membranluftpumpe nicht gleich abschaffen. Ihr Besitz hat sich schon für viele Aquarianer dann als nützlich erwiesen, wenn Notfälle eintreten, bei denen das Aquarienwasser zusätzlich belüftet werden muß. Viele Aquarianer benötigen ein solches Gerät ohnehin zusätzlich, wenn es etwa darum geht, Artemia-Eier zum Schlupf zu bringen oder einen kleinen Außenfilter (etwa für eine Quarantäneanlage) in Betrieb zu halten.
Abschließend sei noch bemerkt, daß Luftleitungen – ob in Schlauch- oder Rohrform – wie Überläufe wirken. Wenn die Luftpumpe einmal aussetzt und der Druck, den die Pumpe im Schlauch erzeugt, nachläßt, setzt sich der Gegendruck durch. In diesem Augenblick kann er das Wasser im Schlauch hochdrücken. Ist der Weg von der Wasseroberfläche bis zum Aquarienrand nicht weit (etwa 2 cm), fließt das Wasser über, bei abwärts führendem Schlauch direkt zur Pumpe. Abgesehen davon, daß dieses Gerät »absäuft« und bei erneuter Stromzufuhr einen Kurzschluß erzeugt, tritt das Wasser fast immer durch die Pumpe hindurch ins Zimmer, und der Fischfreund darf eine hübsche Überschwemmung erwarten. Darum sollte man die Pumpe stets oberhalb der Wasseroberfläche aufstellen.

Das Licht

Licht ist ein wichtiger Faktor für alles Leben. Bei der Aufstellung des Aquariums müssen deshalb die Lichtverhältnisse im Zimmer zusammen mit der Aquariumgröße und der dafür benötigten Beleuchtungsanlage berücksichtigt werden.

Die Lichtbedürfnisse von Fischen und Wasserpflanzen können sehr verschieden sein und unterliegen zudem dem Rhythmus der natürlichen tages- und jahreszeitlichen Schwankungen. Es gibt neben Pflanzen auch Fische, die viel Sonne lieben. Andere benötigen weniger Licht oder bevorzugen zum Laichakt bestimmte Tageszeiten.

Starke und lange Sonneneinstrahlung ist gefährlich, weil dadurch eine Übersättigung mit Sauerstoff entstehen kann, welche die »Säurekrankheit« hervorruft. Solche Faktoren sind bei der Aufstellung des Beckens schon zu berücksichtigen, indem man zuviel Tageslicht heutzutage vom Aquarium fernhält.

Wer sich nicht von der »Fensterbankmethode« trennen will, sollte dann aber bereits bei der Pflanzen- und Fischauswahl berücksichtigen, daß am Fenster andere Lichtverhältnisse bestehen als in der Natur.

In den heimatlichen Gewässern der Fische kommt das Licht stets von oben. Die Fische haben sich seit Jahrmillionen darauf eingestellt. Nun aber sollen sie in einem Aquarium durch die Beckenscheiben hindurch praktisch von vier Seiten die Sonne räumlich sehen können. Kein Wunder, wenn die Tiere gelegentlich schräg schwimmen, wenn sie ihren Rücken der Sonne entgegenhalten.

Die einschlägige Industrie bietet heute eine breite Palette von Leuchtkästen an. Alle müssen spritzwassergeschützt sein (man achte beim Kauf auf das VDE-Prüfzeichen), wenn sie auf das Becken gelegt werden. Soll ein Beleuchtungskörper dagegen von der Decke herabhängen und das Aquarium somit ohne Abdeckscheibe betrieben werden, so entfällt diese Sicherheitsvorschrift.

Man sieht: Für den Aquarianer ist die Frage nach der zweckmäßigsten künstlichen Beleuchtung wichtig: Welche ist geeignet, das pflanzliche Wachstum besonders zu fördern? Botanische Forschungsergebnisse geben wertvolle Hinweise. So ist festgestellt worden, daß die Assimilation der Pflanzen, die Photosynthese, vor allem durch den blauen und roten Bereich des Spektrums angeregt wird (vgl. Thema »Aquarienpflanzen«). Speziell entwickelte Pflanzenstrahler (Osram-Fluora und Gro-lux von Sylvania) wurden diesen Wirkungsspektren photobiologischer Prozesse angepaßt. Die Mischung der in diesen Röhren vor-

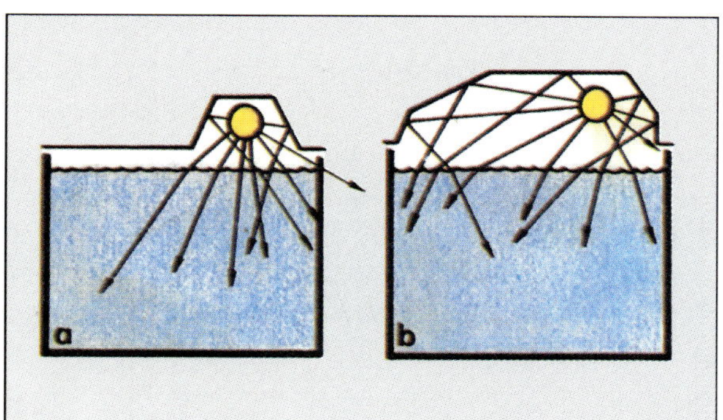

Die reflektierende Innenseite des Reflektors ist für die richtige Lichtverteilung verantwortlich

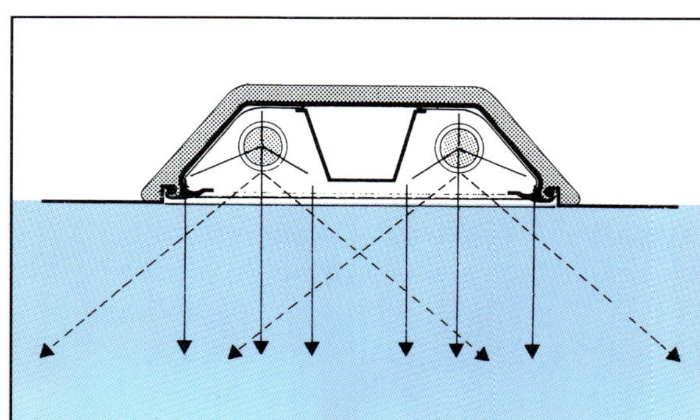

Wer zwei Lichtquellen über dem Aquarium zur Verfügung hat, kann das Becken nicht nur heller, sondern auch effektiver ausleuchten. Hier das System einer Lampe vom Bautyp Juwel

kommenden Leuchtstoffe erzeugt eine betonte Blau- und Rotstrahlung und beeinflußt folglich intensiv das pflanzliche Wachstum.
Welche Punkte sind nun für eine vorbildliche Beleuchtungsanlage in Aquarien wichtig? Sie soll erstens das Pflanzenwachstum fördern, zweitens die Farbwirkung der Fische betonen und drittens die unerwünschte Algenbildung im Süßwasser vermeiden. Natürlich hängt bei einem Süßwasseraquarium die Beleuchtungsstärke auch von der Art der darin gepflegten Fische und Pflanzen ab. Die folgenden Angaben können darum nur Richtwerte sein. Sie basieren auf einem Anhaltswert von 1,0 bis 1,5 Watt je dm^2 Aquariumgrundfläche bei Aquariennormhöhe.

Beckenmaß in cm L x B x H	Fassungsvermögen in Litern	dm^2	Bestückung mit Leuchtstoffröhren	
			Anzahl	Lichtfarbe
60 x 25 x 40	60	15	1/20 W 1/20 W	Pflanzenstrahler (vorn) + Universal-weiß
80 x 26 x 38	79	20,8	wie vor	
80 x 40 x 50	160	32	1/20 W 1/20 W 1/20 W	Pflanzenstrahler (vorn) + Universal-weiß + Warmton de Luxe
100 x 30 x 40	120	30	wie vor	
100 x 40 x 50	200	40	1/20 W 1/25 W 1/25 W	Pflanzenstrahler (vorn) + Universal-weiß + Warmton de Luxe
130 x 50 x 50	325	65	1/40 W 1/20 W 1/40 W	Pflanzenstrahler (vorn) + Warmton de Luxe + Universal-weiß

Durch den Einbau von Schaltern, die jede Lampe einzeln schalten können, wird es möglich, je nach den Erfordernissen im Becken das Licht zu variieren bzw. zu dosieren. Licht kann oft zu schwach, selten jedoch zu stark dosiert werden! Meist ist es nicht die Überbelichtung des Aquariums, die vermehrte Algenbildung nach sich zieht. Es ist vielmehr der zu hohe Nitratgehalt des Wassers. Ein schwaches grünes Veralgen der Steine ist normal. Das Grün ist zusätzliche Kost für die Fische und Schnecken. Braune oder beige Algen entstehen dagegen nur bei zu schwacher Beleuchtung. Wenn allerdings die grünen Algen stark zu wuchern anfangen oder Blaualgen im Aquarium zu finden sind, ist das ein Zeichen für die erwähnte hochbelastete Wasserqualität. Meistens genügt es dann, einen häufigeren Teilwasserwechsel vorzunehmen.
Ein Tropentag ist maximal 12 Stunden lang. Das ist die Zeitspanne, während der Fische und Pflanzen Licht benötigen. Es hat keinen Sinn, eine Beleuchtung erst abends einzuschalten. Wer das tut, darf sich nicht wundern, wenn alles Leben verkümmert. Es ist deshalb kein Luxus, eine elektrische Schaltuhr mit einer Lampe zu koppeln. Dadurch wird das Licht genau dosiert, auch wenn der Rhythmus zeitlich versetzt wird. Die Fische gewöhnen sich – wie in der Natur – an feste Tag- und Nachtzeiten. In tropischen Gewässern, die ja meist unterhalb oder in der Nähe des Äquators liegen, gibt es nicht die starken Unterschiede im Licht wie bei unserem Sommer-Winter-Rhythmus.
Für viele Fische ist der Tagesanbruch (= Einschalten des Lichts) ein Signal: Manche Tiere laichen bei den ersten Lichtstrahlen des Tages; andere wiederum wissen genau, wann ihre Schlafenszeit beginnt. Besonders bei größeren Buntbarscharten kann man beobachten, daß sie vor der Zeit, in der normalerweise das Licht ausgeht, ihren Schlafplatz aufsuchen. Fischmütter bringen zu dieser Zeit ihre Jungen »zu Bett«: Sie sammeln sie ein, bringen sie in ihre Höhle (bei Höhlenlaichern), in die Sandgrube (Grubenlaicher) oder nehmen sie ins Maul zurück (Maulbrüter bis zu einem bestimmten Stadium).
Fische können sich also ausgezeichnet dem vorgegebenen Rhythmus anpassen – vorausgesetzt, er ist biologisch richtig.
Wir wissen von uns selbst, wie schwer es ist, z. B. nach einem längeren Flug in westliche, besonders aber in östliche Richtung, den Zeitunterschied und die damit verbundene Verschiebung des Tag-Nacht-Wechsels auszugleichen. Sind die Zeitunterschiede groß, benötigt der menschliche Organismus mehr als eine Woche, um sich diesem neuen Lebensrhythmus anzupassen.

Ersatzteile und Zubehör

Auch ein Fischpfleger benötigt für die Aufrechterhaltung des »Betriebes« Zubehör und von Zeit zu Zeit Ersatzteile. Technische Geräte, wie Membranluftpumpen, Filter-(Wasser-)pumpen, doch auch Ausströmer usw. können Verschleißerscheinungen zeigen und müssen dann an ihren anfälligsten Stellen durch den Einbau von Ersatzteilen repariert bzw. ganz ausgewechselt werden. Ein Aquarianer mit handwerkli-

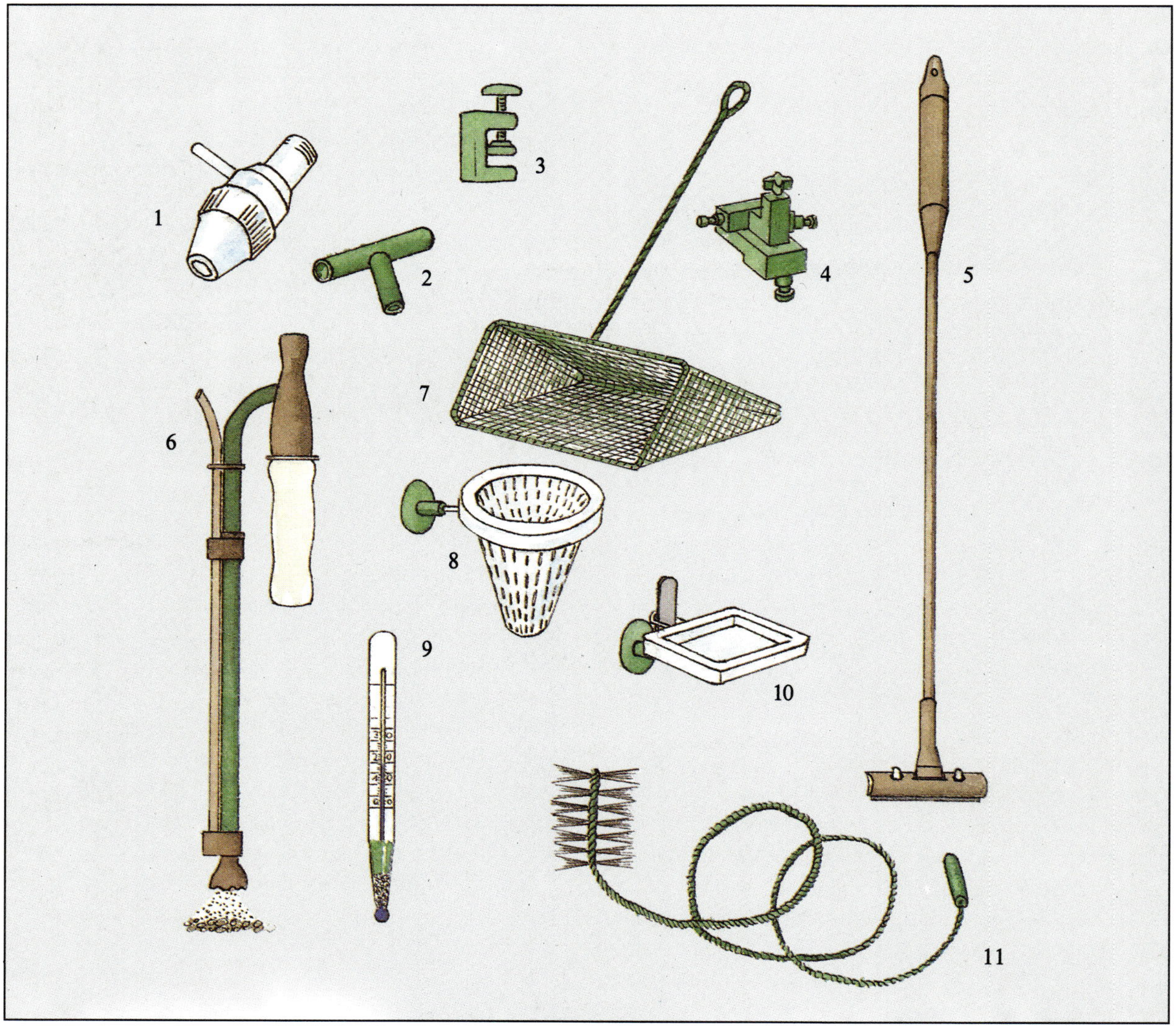

Bestimmtes Zubehör wird immer wieder benötigt: 1. Eheim-Diffusor, 2. T-Schlauchverbindung, 3. Luftschlauchklemme, 4. Luftschlauchverteiler oder -abzweiger, 5. Scheibenreiniger mit Klinge (Tetra), 6. Mulmabsauger mit Luft (Tetra), 7. Fangnetz oder Kescher, 8. Tubifex-Sieb zum Einhängen, 9. Thermometer, 10. Schwimmender Trockenfutterring, der sich dem jeweiligen Wasserstand anpaßt, 11. Rohr- und Schlauchbürste

Das Lochziegel-Interieur kann den Eindruck einer Wohnsiedlung vermitteln. Hier mit *Tropheus moorii*

chem Geschick kann sein Gerät selbst wieder instand setzen. Die Reparatur im Werk dagegen dauert unter Umständen mehrere Wochen; in der Zeit muß das Aquarium weiterbetrieben werden. Gute Zoofachgeschäfte führen daher die gebräuchlichsten Ersatzteile für die bekanntesten Modelle, so daß bestimmte Einzelstücke mühelos zu beschaffen sind.
Anders sieht es dagegen mit dem Zubehör für den täglichen Bedarf aus. Es muß jederzeit vorhanden sein, wenn man an seinem Becken hantieren oder kleine Änderungen vornehmen will: Kescher oder Fangnetze sollten in mehreren Größen zur Hand sein; ferner braucht man sicher einmal in der Woche einen praktischen Scheibenreiniger, möglichst mit mit einer Stahlklinge. Filzreiniger verkratzen die innere Aquarienscheibe zu leicht.
Wer nicht mit dem Arm ins Aquarienwasser tauchen will, braucht zum gelegentlichen Versetzen von Pflanzen eine Pflanzenzange.
Ein Thermometer ist unerläßlich, um ständig die korrekte Temperatur des Aquarienwassers kontrollieren zu können.
Zur Regulierung der Luft, die von der Membranpumpe kommt, werden Hähne benötigt. Sind sie aus Plastik, zerbrechen sie gelegentlich, und es ist gut, wenn man preiswerten Ersatz zur Hand hat.
Ebenso ist es mit Schlauchklemmen. Wer seinen Außenfilter über eine oder mehrere Schlauchleitungen (Eheim) betreibt, soll diese Zuleitungen, besonders wenn sie mitbeleuchtet werden, gelegentlich mit einer Rohr- oder Schlauchbürste reinigen. Sie besteht aus einer Metallspirale, an deren vorderem Ende eine runde Bürste sitzt.
Sicher könnte man noch mehr Zubehörteile aufzählen. Jeder Fisch- und Pflanzenpfleger, der diese Dinge gleich mit dem Aquarium anschafft, braucht später, wenn er sie dringend benötigt, nicht in Zeitnot zu geraten.

Die Einrichtung des Aquariums

Ein Aquarium einzurichten heißt, Bodengrund, Stein- und Wurzeleinbau so zusammenzustellen, daß sich die künftigen Bewohner, Pflanzen und Fische, darin wohl fühlen und gedeihen. Man benötigt dazu einige Materialien, die einfach zu beschaffen sind – am einfachsten im Zoofachgeschäft. Entgegengesetzte Versuche, hier Geld zu sparen und unkontrollierbare Dinge zu verwenden, können sich negativ auf das spätere Aquarienmilieu auswirken. Man denke an Wurzelstücke, von denen man die Abstammung nicht kennt, die vielleicht im Aquarium viel Säure abgeben oder das Wasser dunkelbraun färben.

Oben: Schrank mit Aquarium-Einbau oder Aquarium mit umbautem Schrank – das ist hier die Frage

Unten: Vier Panzerwelsneuheiten, deren Vertreter in den vergangenen Jahren im Angebot des Handels aufgetaucht sind. Die beiden oberen kann man als »Hochflosser« ansprechen

Der Bodengrund

Dies ist ein weiterer Faktor, dem man besondere Aufmerksamkeit schenken muß. Er ist vor allem für die Pflanzen bedeutsam, daneben dient er vielen Fischarten zum Gründeln, zum Wühlen sowie zur Laichabgabe. Entsprechend soll seine Beschaffenheit sein.

Am besten haben sich grobkörniger Flußsand von 1,5 mm und Kies von 2–4 mm Körnung bewährt. Dieses Material ist in jeder Zoohandlung erhältlich. Feinerer Sand ist dagegen weniger gut geeignet. Er läßt das im Bodengrund befindliche Wasser stagnieren. Eine Durchlüftung des Bodengrundes (siehe Thema »Bodengrundfilter«) aber ist für die Gesunderhaltung der Bodenbakterienfauna sehr wichtig. Bekanntlich sind diese Kleinstlebewesen für den Abbau der verschiedenen Stoffe verantwortlich, und der weitsichtige Aquarianer wird auch ihren Lebensbereich in seine Überlegungen einbeziehen. Auch heller Sand oder scharfer Quarzsand sind ohne dunkle Bodenauflage ungeeignet, weil sie das Licht reflektieren und damit das Wohlbefinden der Fische stören.

Der Bodengrund muß vorher reingewaschen und somit frei von Schwebestoffen sein. Wenn er außerdem keimfrei ist, werden dadurch beispielsweise Schnekkenlaich und sonstige, nicht erkennbare Keimlinge aus dem Becken ferngehalten. Um das zu erreichen, wird das Bodenmaterial in einen Plastikeimer gegeben und mit Wasser überdeckt. Unter Umrühren wird so viel Kaliumpermanganat (Vorsicht: färbt; in Drogerien oder Apotheken erhältlich) zugegeben, bis sich das Wasser kräftig dunkelrot färbt. Nun wird alles gut durchgerührt und 1–2 Tage stehengelassen, damit das Mittel wirken kann. Darauf wird das Wasser abgegossen, und Sand und Kies werden unter kräftigem Umrühren mehrere Male gut gespült.

Die Frage nach der richtigen Zusammensetzung des Bodengrundes ist so alt wie die Aquaristik selbst. Manche Aquarianer vermischen die untere Sandschicht mit Lehm, dem die Pflanzenwurzeln gewisse Nährstoffe entnehmen können. Natürlich wird der Bodengrund in erster Linie für die Pflanzen eingebracht; doch nur die wenigsten von ihnen nehmen den überwiegenden Teil ihrer Nahrung über die Wurzeln auf. Meist entnehmen sie die Nahrung in gelöster Form direkt dem Wasser.

Die untergetaucht (submers) lebenden Arten sind dazu mit Hydropoten (sogenannten Wassertrinkern) ausgestattet, die über die gesamte Blattfläche verteilt sind. Die als Sumpfpflanzen bekannten Arten wie die Cryptocorynen haben diese Hydropoten nicht primär. Als überwiegend emerse (überwasserlebende) Pflanzen, die aber auch submers leben können, besitzen sie Spaltöffnungen, durch die sie gasförmiges Kohlendioxid aufnehmen können. Nach dem Übergang vom Medium Wasser in das Medium Luft oder umgekehrt werfen diese Pflanzen ihre alten Blätter ab, um sich mit neuen dem veränderten Medium anzupassen.

Solchen Pflanzen dient der Bodengrund nur als fester Halt für die Wurzeln. Ein sandiger Bodengrund in unserem Aquarium kann nicht ausreichend durchlüftet werden. Schon nach kurzer Zeit ist er meistens verklebt und mit Mulm zugesetzt. Der erwähnte feine Kies von 2–4 mm Körnung ist daher, zusammen mit gröberem Sand (1,5 mm Korn), als Bodengrund am besten geeignet.

Um etwaige Mangelerscheinungen im Wasser auszugleichen, sollte in bestimmten Abständen gedüngt werden: Flüssiger Spezialdünger wird tropfenweise in das Aquarienwasser gegeben. Er ist in Zoohandlungen erhältlich.

Manche Fische und Pflanzen benötigen extrem weiches Wasser. Für sie müssen auch im Bodengrund alle Härtebildner (Schneckenhäuser und Muschelschalen oder Teile davon) aussortiert werden, weil sie Kalk enthalten, der schon in kleinen Mengen das Wasser ständig wieder aufhärtet.

Außer dem Bodengrund sollte auch ein großer Teil des Dekorationsmaterials vor dem Einsetzen keimfrei gemacht werden. Steine werden unter einem Wasserstrahl mit einer Bürste vorgereinigt und schließlich überbrüht. Am natürlichsten wirken abgeschliffene, faustgroße Tiefen- oder Ergußgesteine, wie Granit, Porphyr, Gneis, Quarz, Basalt und Feuerstein. Absatz- und Schichtgesteine, wie Kalkstein, Dolomit, Marmor,

Sandstein, Tropfstein und einige Tuffsteine dürfen nicht für solche Fische verwendet werden, die in weichem Wasser leben. Sie würden es aufhärten.
Einfach läßt sich feststellen, ob ein Stein kalkhaltig ist: Man betropft ihn mit Salz- oder Schwefelsäure. Bildet sich Schaum, so ist das Gestein kalkhaltig und sollte in weichem Wasser nicht verwendet werden.
Gut eignen sich in den meisten Becken flache Steine und Steingrotten. Bei der Einrichtung von Cichliden- oder Buntbarschbecken empfiehlt es sich, mit dem Aufbau der Höhlensteine schon bei trockenem Becken zu beginnen. Sollen große, starke Fische eingesetzt werden, hat es sich als vorteilhaft erwiesen, die Steine miteinander zu verfugen, da ein wühlender Fisch einen weniger stabilen Aufbau schnell zum Einsturz bringen kann. Die Höhlen kann man außerhalb des Beckens vorfertigen, indem man sie von der unsichtbaren Innenseite her zementiert. Zement hat jedoch nicht nur gute Seiten, sondern kann auch Giftstoffe abgeben.
Solche mit Zement zusammengehaltenen Aufbauten sollte man für eine bis zwei Wochen in eine dünne (ca. 5%ige) Salzsäurelösung legen (Plastikeimer) und danach ebensolange wässern. Wem das noch nicht genug erscheint, der kann die innere Zementwand noch mit Kunststoff (etwa Krautoxin 1452) versiegeln.
Für Zwergcichliden, die meist etwas anspruchsvoller als ihre großen Brüder sind, verwendet man als Höhlen die harten Schalen halbierter Kokosnüsse. Man muß sie oben mit einem kleinen Loch versehen, damit Luft oder andere Gase entweichen können.
Neben dem Zement, über den ja schon gesprochen wurde, eignet sich in begrenztem Maße auch Silikonkautschuk, doch ist dieses Material teuer und manchen Fischfreunden an den Klebestellen sicher nicht ansehnlich genug.
Sehr gut eignet sich als Gestein Taunusschiefer, wie man ihn mancherorts zum Bau von Garteneinfassungen oder niedrigen Vorgartenmauern verwendet. Das Material läßt sich mit etwas Geschick in schmale, dünne Platten zerlegen. Mit Polyesterharz auf eine versiegelte, 4 mm starke Eternitplatte geklebt, entsteht eine »echte« Rückwand, die wiederum (an den Rändern mit einer Silikonmasse aus der Tube auf der Rückseite) gegen die eigentliche Aquarienrückwand geklebt wird. Diese Verbindung mit dem gummiähnlichen Material hat den Vorteil, daß man die Rückwand mit Hilfe eines scharfen, langen Messers wieder entfernen kann. Jetzt können Steine für die Höhlen oder die erwähnten vorbereiteten Höhlenbauten eingebracht werden, bevor man mit dem Einschütten des Bodengrundes beginnt.

Wieviel Holz es in vielen wassernahen Gebieten gibt, erkennt man oft erst, wenn diese Zonen dem Tode geweiht sind, wie hier ein küstennahes Mangrovengebiet in Südthailand

Moorkienholz muß, bevor es im Wasser seine Tragfähigkeit und somit auch seinen Auftrieb verloren hat, über längere Zeit vorgewässert werden (es saugt sich sehr langsam voll Wasser) oder in einem großen Topf über kürzere Zeit »gargekocht« werden. Dieser letztgenannte Prozeß soll das Holz empfänglicher für das Eindringen des Wassers machen und verbliebene Luft im Holz austreiben. Wurzeln sollen nicht auf den Bodengrund gelegt werden. Nischen zum Auffangen des Mulms brauchen wir nicht extra einzubauen.
Moorkienholzäste haben neben ihrer dekorativen Wirkung noch eine biologische Aufgabe: Sie helfen (ungekocht!) mit, das Aquarienwasser in einem bestimmten Säurebereich zu halten. Die Fische benutzen die Äste gern als »Unterstände«. Jeder Fisch versucht, vor allem beim Ausruhen, zur Wasseroberfläche hin gedeckt zu sein, also sucht er Unterschlupf.
Wurzeln, die auf dem Boden liegen, taugen dazu herzlich wenig. Sie müssen vielmehr in die Aquariendekoration derart einbezogen werden, daß sie optisch aus der Rück- oder einer Seitenwand herauswachsen; ähnlich wie an den Wänden der Flußufer: Mit einigem Abstand zum Grund. Der Phantasie und der Geschicklichkeit des »Dekorateurs« sind dabei kaum Grenzen gesetzt. Zwischen dem feinen Geäst dieser Wurzeln kann man Javamoos, Lebermoos sowie in den oberen Wasserschichten Schwimmpflanzen festklemmen.
Steinholz kann Nitrate enthalten und an das Wasser abgeben, weshalb sein aquaristischer Wert fragwürdig ist. Wer Rohre aus Bambus, Schilf, Tonking benutzen will, sollte sie mit Wasserstoffsuperoxyd oder Kaliumpermanganat zuerst desinfizieren und nach dem Abspülen und Trocknen zumindest an den offenen Enden in Kunststoffversiegelung tauchen, um sie haltbarer zu machen.
Abgerundeter Basaltsplitt wird erst nach dem Einsetzen der Wasserpflanzen auf dem Bodengrund verteilt. Mit ihm wird der Grund »abgedunkelt«. Torfmull wird heute nur noch selten und dann von Spezialisten als Bodengrund aufgetragen (für Eierlegende Zahnkarpfen etwa). Dazu kann man keinen beliebigen Torf verwenden, sondern sollte sich Aquarientorf beschaffen. Man breitet ihn in einer 1–2 cm hohen Schicht auf dem Aquarienboden aus, nachdem man ihn gewässert und damit tauchfähig gemacht hat. Natürlich muß dieses Polster von Zeit zu Zeit erneuert werden.

Quarzit oder Schiefer gehört zu den bevorzugten Steinen für den Innenaufbau. Das Gestein ist so gewachsen, daß es sich leicht teilen läßt

Gesteinshaufen wie diesen findet man in vielen Steinbrüchen. Dort kann man auch bereits zerteilte Platten wie diese meist günstig erwerben

Es gibt verschiedene Möglichkeiten, den Bodengrund einzurichten und ihn den Ansprüchen der Bewohner anzupassen.
Zuerst einmal muß man fest damit rechnen, daß irgendwelche Anhäufungen von Sand oder Kies, die keine feste Abstützung durch Steine haben, mit der Zeit eingeebnet werden. Aus diesem Grund wird in den meisten Fällen ein Terrasseneinbau bevorzugt.
Je tiefer ein Becken ist, um so höher darf der Bodengrund über verschiedene Steinterrassen ansteigen. Am einfachsten läßt sich mit dem bereits erwähnten Taunusschiefer arbeiten, doch verdrängt dieses Mate-

Lochgestein kommt aus verschiedenen Regionen Europas. Es ist sehr schwer und daher als Auflage auf dünne Bodenscheiben nicht geeignet

Wer die Gelegenheit hat, Gebiete der Torfgewinnung aufzusuchen, findet dort langgezogene Wälle aus Moorkienholz, das getrocknet und verbrannt wird

Moorkienholz, meist Wurzelkienholz, ist Tausende von Jahren abgelagert und normalerweise ein unwillkommenes Abfallprodukt bei der Torfgewinnung

rial viel Wasser, wenn die einzelnen Steine zu voluminös sind. Oft genügt auch ein versiegelter Eternitstreifen, auf dessen Vorderseite der übliche Aquarienkies mit Hilfe von UHU-plus aufgeklebt wird. Die Fugen können mit feinem Sand zugestreut werden, so daß letzten Endes kaum jemand feststellen kann, daß dieser Streifen eine Stufenabstützung darstellt.

Die Verwendung von Kunststoffen

Kunststoffe haben heutzutage bei den Aquarianern viele Freunde gefunden, und es ist kaum noch vorstellbar, wie sich die Hersteller von Aquarien ohne den Silikonkautschuk helfen würden.
An anderer Stelle wurde schon erwähnt, daß man bei der Handhabung mit Kunststoffen darauf achten muß, ob das verwendete Material, untergetaucht im Aquarienwasser, keine Giftstoffe abgeben kann. Ein Zweikomponentenkleber ist nicht unbedingt deshalb ein Allheilmittel, weil er aus eben diesen beiden Grundmaterialien besteht. Silikonkautschuk ist ein Einkomponentenmaterial, das man so, wie es aus der Tube oder Kartusche kommt, unbesorgt verarbeiten kann. Aus der Verwendung der Lösungsmittelkleber beim Hausgebrauch (den sogenannten Alleskleber) weiß man, daß sie unter der Einwirkung von Wärme besonders fest abbinden. Dieser Wärmeeinfluß ist nicht unbedingt für das Abbinden aller Kunststoffe von Nutzen. Wir kennen beispielsweise den Acrylglaskleber, mit dessen Hilfe man Plexiglas verklebt: Er bindet unter dem Einfluß des Lichtes ab.
Der erwähnte Silikonkautschuk braucht keine Wärme zum Abbinden; er vulkanisiert unter dem Einfluß der Luftfeuchtigkeit durch. Lösungsmitteldämpfe, in größeren Mengen eingeatmet, können zu Gesundheitsschäden führen. Beim Umgang mit streichfertigen Kunststoffarben (wie dem erwähnten Krautoxin) muß man darauf achten, daß der Raum, in dem gearbeitet wird, gut durchlüftet ist. Wer beim Innenanstrich eines größeren Aquariums aus Eternit seinen Kopf zu tief in den Behälter steckt, darf sich nicht wundern, wenn ihm schon nach kurzer Zeit übel wird. Viele Bastler könnten sich Ärger und Arbeit ersparen, wenn sie die Gebrauchsanleitung vorher studieren würden.

Das Wasser

Wasser ist das Lebenselement der Pflanzen und Fische. An seinen Qualitäten und Inhaltsstoffen darf der Aquarianer nicht achtlos vorübergehen! Man muß aber nicht unbedingt ein Wissenschaftler sein, um sich mit den wichtigsten Begriffen vertraut zu machen, also um zu wissen, was es mit der Wasserhärte, dem pH-Wert und der elektrischen Leitfähigkeit auf sich hat. Man kann wohl davon ausgehen, daß jeder schon einmal von unterschiedlichen Wasserqualitäten gehört hat – heute mehr denn je! Wenn man von den natürlichen Lebensräumen unserer Zierfische, aber auch der Pflanzen ausgeht, so muß man feststellen, daß jede Landschaft ihren eigenen Wassertyp prägt. In den meisten tropischen Regionen, aus denen die bekannten Zierfische stammen, fehlt Kalkgestein, und das Wasser ist daher sehr weich. Extrem weiches Wasser, von dem gelegentlich aus bestimmten Lebensräumen, wie etwa dem der Roten Neonfische, berichtet wird, sollten wir keinesfalls als Vorbild wählen. Ein gewisser Anteil an Härtestoffen schadet den Fischen nicht und ist für die Pflanzen eher nützlich, vor allem dann, wenn man ihnen eine CO_2*-Düngung mit Kohlensäure verabreicht, denn Kohlensäure braucht die Bindung an Karbonathärte.*

Malerischer natürlicher Wasserfall in Venezuela

Wasserkunde für die Aquaristik

Jeder weiß sicher aus eigener Erfahrung, daß Wasser nicht gleich Wasser ist. Was aber ist »Wasser«? Es ist mehr als eine durchsichtige klare Flüssigkeit. Faktoren wie Wasserhärte, pH-Wert, Kohlensäure, elektrische Leitfähigkeit und osmotischer Druck spielen eine Rolle.

Wasser hat mancherlei Eigenschaften, und – mit Ausnahme des destillierten Wassers – sind vielerlei Stoffe darin gelöst. Unterschiedliche Landschaften bringen unterschiedliches Wasser hervor. Das Wasser nimmt Stoffe aus dem Boden auf, durch den es fließt, und wird damit von der Landschaft bestimmt.

Im Gegensatz zum Meerwasser, das über unendlich große Gebiete in direktem Zusammenhang miteinander steht und daher in seiner Zusammensetzung auch recht gleichartig ist, sind Flüsse und Seen weit mehr durch die sie umgebenden Medien (Sumpfgebiete, Landschaften mit Kalkgestein usw.) geprägt.

Meerwasser ist durch den aus dem Gebiet seines Grundes gelösten Kalk enorm mineralhaltig und damit auch hart (über 350° dH). Bei Flußwasser ist das anders. Beispielsweise hat der Rio Negro (Schwarzer Fluß), ein Nebenfluß des Amazonas, ein äußerst weiches, mineralarmes Wasser. Der Grund liegt darin, daß in dem durchflossenen Gebiet der Kalk fast vollständig fehlt. Ein starker Anteil an Huminsäuren (Sumpfgebiete bei Überschwemmungen, Laub, faulendes Holz) und ein hoher Kohlensäurewert bedingen bei diesem dunkelbraunen Wasser (»Schwarzwasser«) einen stark sauren pH-Wert. Fast alle bekannten Giftstoffe (Ammoniak, Nitrit und Nitrat) fehlen, woraus resultiert, daß Fische aus diesen Gebieten oft heikle Gäste im Aquarium sind, die nur bedingt anpassungsfähig sind und daher viele Ansprüche an den Pfleger stellen. Außerdem gibt die Mineralarmut jenem Wasser einen sehr geringen elektrischen Leitwert, was wiederum einen niedrigen osmotischen Druck nach sich zieht.

Diese Werte sind also dafür maßgebend, daß sich eine Reihe von Fischen dieses Raumes in unserem härteren Wasser nur sehr schwer züchten lassen. Erst seit man die naturgegebenen Zusammenhänge erkannt hat, konnte man Wasserverhältnisse nachahmen und bessere Erfolge erzielen.

Die Wasserhärte setzt sich zusammen aus der Karbonathärte (KH) und der Sulfat- oder Nichtkarbonathärte (NKH). Dabei ist die Stärke der Karbonathärte sehr abhängig von weiteren äußeren Faktoren. Die Lösung des Kalks ist abhängig von der Menge der freien Kohlensäure. Andere Länder unterscheiden sich teilweise noch in den Errechnungsarten. Wir messen bei deutscher Härte (dH) nach dem Verhältnis: 1° dH = 10 mg Calciumoxyd gelöst in 1 Liter Wasser.

Bei der Haltung verschiedener Fischarten ist die Härte des Aquarienwassers oft von entscheidender Bedeutung. Dabei genügt es nicht, nur den Grad der Gesamthärte zu bestimmen, man muß in erster Linie die Karbonathärte kennen, die auch als zeitlich bedingte (temporäre) Härte bezeichnet wird. Sie beruht auf der Anwesenheit von Kalziumkarbonat, das aus der Bindung von Kohlensäure an Kalzium entsteht und sich durch Kochen beseitigen läßt.

Die zweite Härte bezeichnet man als bleibende (permanente) Härte. Die Sulfathärte beruht auf Kalziumsulfat und Magnesiumsalzen. Sie läßt sich nur auf chemischem Weg beseitigen: durch die Enthärtung des Wassers mit Hilfe moderner Kunstharze oder mit Hilfe der sogenannten Umkehr- oder Reversosmose. Als Basis für alle Messungen dient das destillierte Wasser mit einem Härtegrad von 0.

Nach dem Härtegrad des Wassers haben sich einige Pauschalierungen eingebürgert:

sehr weiches Wasser	= von 0 – 4° dH
weiches Wasser	= von 5 – 8° dH
mittelhartes Wasser	= von 9 – 12° dH
ziemlich hartes Wasser	= von 13 – 18° dH
hartes Wasser	= von 19 – 30° dH
sehr hartes Wasser	= von über 30° dH

Die angenommenen Härtegrade im Leitungswasser der Städte haben sich in den letzten Jahren oft verändert. Die Wasserreserven aus den Reservoirs genügten nicht mehr. Neue Quellen mußten erschlossen und neue Zuleitungen in die Zentren verlegt werden.

Schwarzwasser, wie hier das des Rio Negro (=»Schwarzer Fluß«), kann sich wie Milchkaffee verhalten. Wenn die am Boden abgelagerten und von Rio Branco (=»Weißer Fluß«) eingeschwemmten Sedimente wie hier durch die Diskusfischfänger aufgewühlt werden, vermischen sie sich und machen das Wasser kurzfristig heller

Der Aquarianer, der ja diesen oder jenen Härtegrad »seines« Wassers kannte, wunderte sich dann, warum sich manche Dinge in seinem Becken veränderten. Deshalb sollte jeder Pfleger von Fischen und Pflanzen das Angebot der aquaristischen Industrie wahrnehmen und mit den gebotenen Meßreagenzien (Durognost, Dupla, Tetra) seine Wasserhärte nachmessen und unter Umständen regulieren.

Was haben wir nun für Möglichkeiten, wenn das aus unserer Leitung fließende Wasser nicht den Härtegrad hat, den wir für unser Aquarium oder auch für die Zucht (hier herrschen meist noch strengere Gesetze) benötigen?

Sehr einfach, aber in den meisten Fällen wohl zu kostspielig, ist es, das Leitungswasser mit destilliertem Wasser zu vermischen. Dieses Wasser ist vollentsalzt und am zweckmäßigsten in der Apotheke zu besorgen, weil dort bei seiner Gewinnung die größte Sorgfalt auf Reinheit (hier: im aquarischen Sinne) angewendet wird. Bei der Herstellung von Wasser für die meist kleineren Zuchtbecken kommt es dem Züchter vor allem darauf an, daß das Wasser »stimmt«.

Werden größere Mengen besonders weichen oder destillierten Wassers benötigt, so kann der Aquarianer sein Glück in einem Aquarienfachgeschäft versuchen. Viele Händler verfügen heute über eine Umkehrosmoseanlage und geben sogenanntes Permeat (entmineralisiertes Wasser) zu einem günstigen Preis ab. Der Vorteil einer solchen (guten!) Anlage besteht darin, daß sie – im Gegensatz zu den Austauscher-Kunstharzen – auch Spuren von Pestiziden, Fungiziden und Herbiziden aus dem Trinkwasser unserer Hausleitungen entfernt, die den Züchtern oft Probleme aufgeben.

Wasser auf eine ganz bestimmte Zusammensetzung einzustellen ist dann ganz einfach, wenn man die Voraussetzungen beherrscht. Zuerst einmal werden natürlich die Werte des Ausgangswassers benötigt:

Beispiel: Herstellung eines Zuchtwassers von 2° KH bei Leitungswasser von 16° KH und destilliertem Wasser von 0° dH.

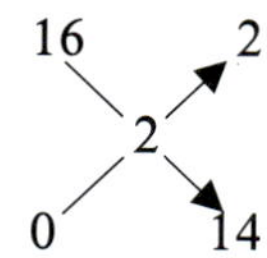

Ergebnis: 14 Teile destilliertes Wasser und 2 Teile Leitungswasser mischen. Dieses Gemisch ergibt 2° KH. Ähnlich läßt sich die Zusammenstellung eines Wassers errechnen, wenn wir nach Mikro-Siemens-Werten (siehe Seite 46) suchen. Dabei ist wiederum vom Leitungswasserwert und dem des destillierten Wassers auszugehen und nach dem gleichen System zu rechnen und zu mischen.

Das einfachste Verfahren zur Wasserenthärtung ist, das Wasser abzukochen (Entfernung der temporären Härte). Eine weitere Methode ist das Filtern über die erwähnten Kunstharze.

Ist dagegen das Wasser zu weich – was in selteneren Fällen vorkommt –, rührt man etwas Gips sehr dünn an; diese dünne Brühe gießt man durch eine neue Kaffeefiltertüte in das Aquariumwasser, bis es den gewünschten Härtegrad erreicht hat.

Außer im Härtegrad unterscheiden sich alle Wasser durch ihren Gehalt an Säuren oder an Basen. Es gibt leicht saures und leicht basisches oder alkalisches Wasser.

In jedem Wasser sind nämlich eine bestimmte Anzahl von H_2O-Molekülen gespalten in H^+-Ionen (positiv geladene Wasserstoffionen) und HO-Ionen (negative Hydroxylionen). Bei neutralem oder destilliertem Wasser ist die Anzahl dieser H- und HO-Ionen gleich. Es hat eine Wasserstoffionenkonzentration von 10^{-7} g in einem Liter Wasser, so daß sich also 0,0000001 g H-Ionen und ebenso viele HO-Ionen darin befinden. Diese Zahl nennt man den pH-Wert des Wassers, was soviel wie **p**ondus **H**ydrogenii = Gewicht des Wasserstoffs bedeutet.

Der Bequemlichkeit halber schreibt man nicht die ganze Zahl, sondern nur den Logarithmus der Wasserstoffzahl ohne das negative Vorzeichen. Der pH-Wert des destillierten und daher neutralen Wassers ist also 7, pH = 7. Auch der pH-Wert des Regen- und Schneewassers liegt bei 7. Im sauren Wasser ist der pH-Wert kleiner als 7, beim alkalischen Wasser ist er größer als 7.

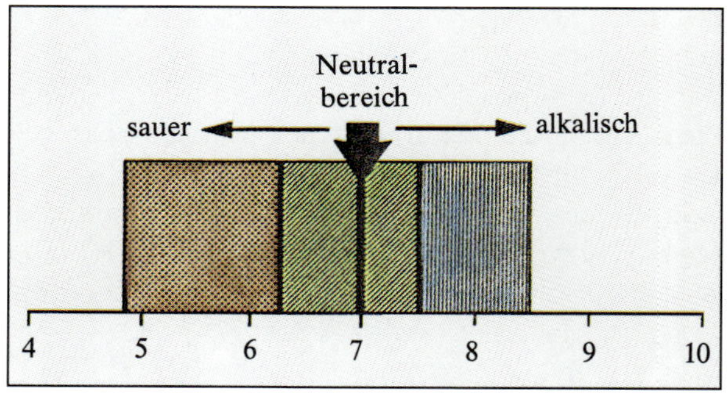

Je saurer die Lösung »Wasser« ist, desto geringer ist der pH-Wert: Es überwiegt die Menge der H^+-Ionen. Je basischer die Reaktion ist, desto höher steigt der pH-Wert an: Es überwiegt die Menge der OH^--Ionen

Gewässer der gemäßigten Zone haben pH-Werte von 7,5 bis 9, sind also (mit Ausnahme der Moor- und Sumpfgewässer) leicht alkalisch. Tropische Gewässer dagegen haben pH-Werte von 5 bis 6,8, sind also mehr oder weniger sauer.

pH-Werte zu messen ist nicht mehr schwer. Die Industrie liefert dem Aquarianer Meßreagenzien, mit denen mühelos die gesuchten Werte zu bestimmen sind. Diese Reagenzien (Dupla, Tetra) gibt es im Zoogeschäft. Die Packungen enthalten eine Farbscheibe oder -tafel, die man nach dem Meßvorgang mit der Färbung des Aquariumwassers vergleicht und so den entsprechenden Wert abliest.

Das Ansäuern erfolgt mit verdünnter Phosphorsäure. $1/10$ der Säure wird in 10 l Wasser gelöst, 3 bis 4 Tage lang stehen gelassen und dann dem Beckenwasser so lange zugesetzt, bis der gewünschte pH-Wert entstanden ist. Am besten (weil ungefährlicher) ist ein spezielles Präparat für die Aquaristik (z. B. Torumin), das in seiner Wirkung den in fast allen Gewässern durch abgefallene Blätter, Früchte, Ast- und Rindenstücke entstehenden Ansäuerungen entspricht. Zudem stellen Gerbstoffe infolge ihrer bakterienhemmenden Wirkung ein wichtiges Schutzmittel gegen Bakterienbefall für jene Fische dar, die in der Natur in nichtalkalischem, weichem Wasser leben. Eine leichte Ansäuerung kann man auch mit einem Torffilter erreichen. Saures Aquarienwasser eignet sich vor allem zur Pflege von Neonfischen, für einige *Nannostomus*-Arten (Ziersalmler, Längsbandsalmler), *Aphyosemi-*

on-Arten, Keilfleckbarben und Zwergrasbora. Doch darf die Braunfärbung des Wassers nicht zu kräftig werden, da sonst die Pflanzen darunter leiden, weil das Licht durch die Verfärbung des Wassers sehr geschwächt wird.

Beim Testen soll ein 10 cm hoch gefülltes Reagenzglas gegen eine weiße Unterlage von oben her hell bernsteingelb erscheinen. Bei Überschuß läßt sich durch einen Kohlefilter Gerbstoff wieder entfernen. Solche Manipulationen nimmt man am besten im fischfreien Wasser vor. Alle Korrekturen im besetzten Becken müssen vorsichtig ausgeführt werden.

Der pH-Wert ist kein konstanter Faktor, sondern dauernden Schwankungen unterworfen. In tropischen Gewässern sind Schwankungen zwischen 5 und 6,5 nicht selten. Auch sind Härte und pH-Werte in belebten Wassern voneinander abhängig. Jedenfalls müssen bei Vergleichen pH-Wert-Messungen möglichst immer zur gleichen Stunde erfolgen.

Die günstigsten pH-Werte für Süßwasserfische liegen zwischen 5,8 und 7,5. Einige Arten leben und laichen auch in Wasser, dessen Werte darüber oder – mehr noch – darunter liegen. Zu geringe pH-Werte kann man durch Hinzufügen von Natriumhydrogenkarbonat anheben.

Bei den meisten Fischarten spielen Wasserhärte und Wasserreaktion keine Rolle, wenn sie in gewissen Grenzen liegen: Härte 6 bis 15° und pH-Werte 6 bis 7,5. Viele *Rasbora*-Arten, Labyrinther und verschiedene *Hyphessobrycon*-Arten lieben pH-Werte zwischen 6 und 7, diverse Barben, *Hemichromis*- und *Otocinclus*-Arten zwischen 7 und 8,5. Nur wenige Fische benötigen, besonders zur Zucht, pH-Werte von 5 bis 6 und vor allem geringe Härtegrade von 3 bis 6.

Es sind dies:

bei den Salmlern:

Paracheirodon innesi und *P. axelrodi, Hyphessobrycon peruvianus, H. heterorhabdus, Nannostomus trifasciatus, Phenacogrammus interruptus*;

bei den Karpfenfischen:

Rasbora heteromorpha und *R. maculata*;

bei den Labyrinthern:

Sphaericnthys osphromenoides und Arten der Gattung *Betta*;

bei den Buntbarschen:

Symphysodon discus und *S. aequifasciatus, Microgeophagus ramirezi*, Wildfänge von *Pelvicachromis, Dicrossus (Crenicara) filamentusus.*

Es gibt Fische, wie eine Reihe von Lebendgebärenden Zahnkarpfen, die leichtes Brackwasser, also einen Kochsalzzusatz, verlangen (1 gehäufter Eßlöffel = 30 g/10 l, alle 2 bis 3 Wochen wiederholt). Auch für bestimmte *Aphyosemion*-Arten ist ein Salzzusatz angebracht (1 gehäufter Teelöffel = 15 g/10 l).

Ein solcher Zusatz fördert das Gedeihen der Pflanzen, hält das Wasser bakterienfrei und beugt somit parasitärem Befall der Fische vor. Das Salz wird in einem Glas Warmwasser gelöst und langsam, unter Umrühren mit der Hand dem Beckenwasser zugegeben, damit das Salzwasser sich mit dem Beckenwasser gleichmäßig vermischt. Am besten ist es, das Salzwasser in 3 Portionen über den Tag verteilt zuzusetzen.

Elektronisch gesteuerte Leitwertmesser sind heute meist mit einer Digitalanzeige ausgestattet. Sie sind klein und handlich, doch ist das Meßergebnis abhängig von der Temperatur des gemessenen Wassers, die daher stets mitberücksichtigt werden muß. Es gibt die Geräte von verschiedenen Herstellern

In Angleichung an die ständige Wasserzustandsveränderung in der Natur durch Regen und Schneeschmelze muß das verdunstete Beckenwasser mindestens alle 2 bis 3 Wochen ergänzt werden. Am besten hält man dazu destilliertes Wasser in einer dunklen Ballonflasche oder einem Kunststoff-Kanister bereit. Vielfach ist es ratsam, zumal im Hochsommer oder in lichtarmen Jahreszeiten, mindestens alle 1 bis 2 Monate zudem etwa 10 bis 30 % Beckenwasser abzusaugen und es – wie schon verschiedentlich erwähnt – durch einen Teilwasserwechsel aufzubessern.
Für klares und gesundes Wasser sorgt vor allem ein Filter, der aber nicht nötig ist, wenn das Aquarium biologisch gut eingerichtet ist, d. h. einen guten Pflanzenwuchs aufweist und nicht zu viele Fische. Dann arbeiten die Pflanzen in Verbindung mit den Fischen und Bodenbakterien ähnlich wie ein Filter. Doch wurde dieses Thema bereits ausführlich besprochen.
Es sollen nun noch zwei Punkte aufgegriffen werden, die in erster Linie den Züchter interessieren mögen: nämlich die »elektrische Leitfähigkeit« des Aquariumwassers und sein »osmotischer Druck«. Beide Bezeichnungen stehen in engem Zusammenhang.
Daß Wasser leitet, wissen manche Aquarianer nicht nur aus der Theorie. Wer nicht sorgfältig mit den elektrischen Geräten umgeht, erfährt irgendwann, wie gut das Wasser leitet: Er kriegt »einen geschossen«. In der Tat wirkt ein durch das Aquariumwasser geleiteter Stromstoß wie ein Schuß. Je höher die elektrische Leitfähigkeit des Wassers ist (im Meerwasser liegt sie wesentlich höher als im Süßwasser), um so besser und kompakter leitet der kompakte Wasserblock den Strom weiter.
Diese Leitfähigkeit ist abhängig von der Menge der in dem Wasser gelösten Mineralstoffe. Dazu gehören die Härtebildner und auch andere Salze. Karbonathärte und elektrische Leitfähigkeit liegen oft in ihren Werten derart beieinander, daß man für 1° KH = 30 µS angeben kann. Diese µS = Mikro-Siemens geben die Grade der Leitfähigkeit an, sie bezeichnen also das Meßergebnis.
Die Leitfähigkeit – der Elektrolytgehalt – des Wassers bestimmt in überwiegendem Maße auch die »osmotischen Verhältnisse« im Aquarienwasser. Dieser osmotische Druck ist ebenfalls entscheidend für den biologischen Wert des Zuchtwassers; die meisten Zuchten gelingen nur, wenn Soll- und Ist-Werte einander so nahe wie möglich kommen. In der tropischen Heimat der Aquarienfische ist das Wasser meist sehr weich und mineralarm.
Wie schon beim Thema »Wasserhärte« erwähnt, finden sich in den Gewässern des Amazonasbeckens oft so extreme Wasserwerte, daß man sich wundert, wie Fische in Flüssen mit z. B. einem pH-Wert unter 5 leben können. Bekanntlich leben u. a. Rote Neon in solchem Wasser, und es war bis vor einigen Jahren kaum möglich, diese kleine Kostbarkeit in der Aquaristik nachzuzüchten, so wenig wie einige *Rasbora*-Arten aus Südostasien. Die in neuerer Zeit erzielten Zuchterfolge sind in erster Linie auf die Erkenntnis der Zusammenhänge zwischen elektrischer Leitfähigkeit des Aquarienwassers und dem osmotischen Druck zurückzuführen.
Die Leitfähigkeit des Wassers wird mit einem kleinen Gerät im Taschenformat gemessen: dem Transistor-Leitwertmesser. Dieses Gerät ist relativ preiswert und gibt dem interessierten Züchter genaue Werte für Hobby oder Beruf. Die Bestimmung des Leitwerts erfolgt bei 20° C. Wenn bei der Messung im Freien das Wasser nicht auf diese Temperatur zu bringen ist, so muß sie mitgemessen und angegeben werden. Die Angabe erfolgt dann als μS_{26} oder ähnlich. Die Temperatur des Wassers hat einen entscheidenden Einfluß auf das Meßergebnis, was Meerwasseraquarianer bei Feststellung der Wasserdichte ebenfalls beachten müssen. Leitwerte zwischen 25 und 140 µS sind für den Züchter ideal.
Daß man das Wasser auch unter Berücksichtigung der elektrischen Leitfähigkeit mischen kann, wurde schon als Ergänzung beim Thema Wasserhärte erwähnt. Nur muß dann beachtet werden, daß zwar destilliertes Wasser 0° KH oder auch dH haben kann, fast nie jedoch 0 µS. Die Praxis hat gezeigt, daß destilliertes Wasser immer noch eine Leitfähigkeit um 2 µS hat. In unserer Kreuzrechnung muß dann nur anstelle der 0 eine 2 eingesetzt werden.
Werden Fische in ein Wasser mit anderen Werten umgesetzt, so ist das nicht immer problemlos, was auch für die Änderung des Leitwertes gilt. Wird der Leitwert im Zuchtbecken stark herabgesetzt, so muß das Zuchtpaar, das meist aus Wasser mit höheren Werten kommt, in Etappen umgewöhnt werden, um sich den

immer wieder neuen Lebensbedingungen im Wasser anpassen zu können.

Es ist naturbedingt, daß Fische, die aus sehr mineralarmen Gewässern stammen, zur Nachzucht auch dann dieses Wasser brauchen, wenn sie schon seit Generationen in härterem und mineralreicherem Wasser gehalten wurden.

Die Ursache dafür liegt im Aufbau des Fischeis. Diese Eier wie auch die Spermien (Samen) bestehen aus Zellen, die mit einer dünnen Haut, der sogenannten Membran, umgeben sind. Die Zellen enthalten unter anderem auch Wasser und dieses Wasser wiederum gelöste Mineralien. Das Ei aber ist umgeben von Wasser, in dem ebenfalls Mineralien gelöst sind. Hier treffen also, getrennt nur durch die dünne Eimembrane, zwei Elemente aufeinander, die zwar gleich zu sein scheinen, es aber oft nicht sind.

Jetzt kommen wir zum »osmotischen Druck«. In den Eiern und dem sie umgebenden Medium Wasser herrscht ein Druckunterschied, wenn die elektrische Leitfähigkeit des Ei-Innendrucks mit der des Wasser-Außendrucks nicht übereinstimmt. Natürlich kann man den Wert des Innendrucks nicht messen, doch ist er bei den als schwierig bekannten Arten immer sehr gering – liegt also im Bereich des angegebenen Idealwerts. Innen- und Außendruck müssen nun übereinstimmen. Dieses Problem für den Züchter läßt sich mit dem osmotischen Druck erklären.

Osmose ist ein Vorgang, bei dem sich zwei Flüssigkeiten durch ein dünnes Häutchen (Membran) hindurch miteinander verbinden. Die Konzentration einer Lösung und damit ihr osmotischer Druck wird dabei vereinheitlicht. Dieser Druck bewirkt auch die elastische Straffung der Zellwände.

Für die Züchtung ergibt sich daraus folgender Sachverhalt: Ist die Konzentration der Innenlösung bei Eiern und Spermien von Fischen, die aus weichen und sehr mineralarmen Regionen stammen, gering und gelangen diese Zellen in ein Wasser mit höherem Leitwert, also auch höherem osmotischen Druck, so wird den Zellen Wasser durch die sie umgebende Membran entzogen: Sie schrumpfen. Hat das Wasser dagegen einen zu niedrigen osmotischen Druck, so werden die Zellen aufgetrieben, bis sie platzen. Das sind Vorgänge, die sicher mancher Züchter schon beobachten und sich vielleicht nicht erklären konnte.

Wie schon erwähnt, kann das Wasser mit Hilfe destillierten Wassers zu verbesserter Qualität aufbereitet werden. Dieses Verfahren ist zwar einfach, aber auch kostspielig, vor allem dann, wenn das Leitungswasser hart ist und zur Füllung eines Beckens größere Mengen benötigt werden (z. B. zur Diskus-Zucht).

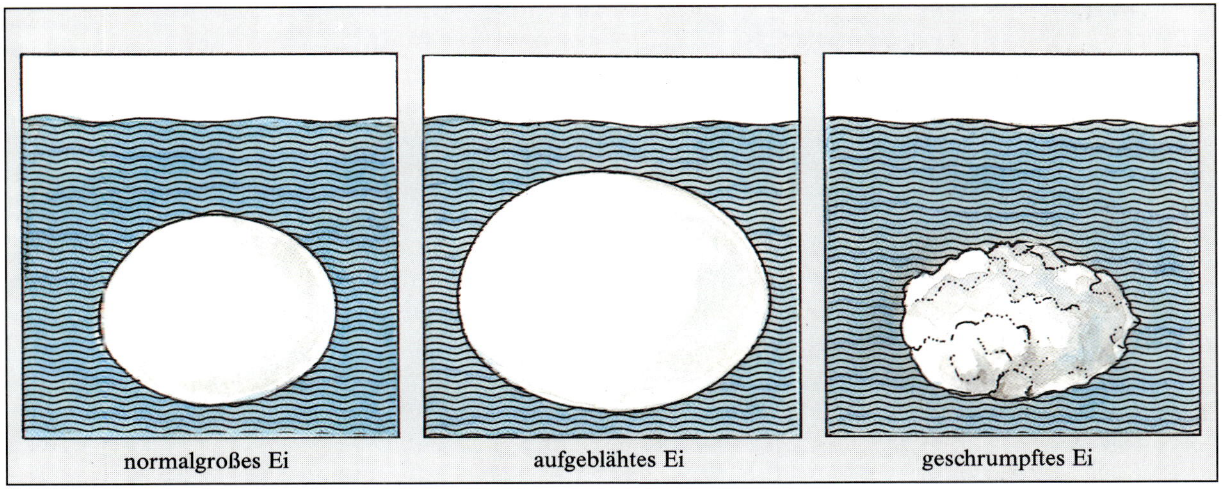

Ein Beispiel, das die Wirkung der Osmose auf ein Fischei verdeutlichen soll: Durch die Anpassung zwischen den Konzentrationen von Innen- und Außenlösung kann das Ei aufgebläht werden oder schrumpfen. Beides zerstört die Keimfähigkeit und macht somit das Ei für die Zucht unbrauchbar

In solchem Fall gibt es für den Aquarianer zwei Möglichkeiten: weiches Naturwaser in Kunststoffkanistern aus einem anderen Gebiet zu holen, unter Umständen von weit her, oder das Wasser selbst auf chemisch-physikalischem Wege (zum Beispiel mit Hilfe der Umkehrosmose) aufzubereiten. Eine dritte Möglichkeit, die Finger von der Sache zu lassen, wird, je nach Zeit und Geldbeutel, oft erst dann erkannt, wenn schon zuviel investiert ist.

Der Wassertransport in Kanistern sieht natürlich auf den ersten Blick einfacher aus als eine gut funktionierende Anlage zur Wasseraufbereitung herzustellen. Aber zuerst einmal muß man eine Stelle gefunden haben, an der man auch immer das Wasser bekommen kann. Dazu allein benötigt man heute, wo sich viele Menschen als »Umweltwächter« betrachten, eine (forst-)amtliche Genehmigung. Zudem muß man sich überlegen, wie viele Kanister man zum Transport benötigt und ob das Fahrzeug genügend Raum hat. Für ein Diskusbecken braucht man mindestens 200 Liter Wasser – das wären zehn 20-Liter-Kanister, die transportiert werden müßten. Außerdem kann man in den meisten Fällen dieses Wasser nicht mehr mit dem heimischen Leitungswasser vermischen, weil es schon einige Grade an Härte und einen entsprechenden elektrischen Leitwert hat. Es bliebe auch nicht beim einmaligen Wassertransport: Die Tiere benötigen dauernd eine teilweise Wasserauffrischung, und das bedeutet ständig neue Wasserbeschaffung.

Wasser will wandern – und nimmt dabei viel Sauerstoff auf. Sprudelt es über die Klippen eines Wasserfalls, ist diese Aufnahme besonders effektiv

So ist im Grunde eine Wasseraufbereitungsanlage von vornherein die bessere Lösung, wenn sie auch nicht gerade billig ist. Anionen- und Kationen-Kunstharzaustauscher müssen, wenn sie »beladen« sind, regeneriert werden. Dazu wird Salzsäure oder Lauge benötigt. Oft ein schwieriges Unterfangen!

Unser Leitungswasser ist also das Ausgangsmaterial, das verbessert werden soll. Dafür muß vorausgesetzt werden, daß man alle Werte dieses Wassers kennt. Weiterhin sollten die natürlichen Lebensbedingungen der Fische bekannt sein, für die das Wasser verbessert werden soll.

Es gibt zwei Möglichkeiten, das Wasser zu verbessern: die Teil- und die Vollentsalzung. In beiden Prozessen werden dem Wasser Härtestoffe entzogen. Die Beachtung des pH-Wertes ist dabei nicht nötig, weil er später einreguliert werden kann.

Bei der Teilentsalzung wird die Karbonathärte, die in unseren Breiten ja 4/5 der Gesamthärte ausmacht, entfernt. Man spricht deshalb auch von Entkarbonisierung. Oft genügt dafür schon ein starkes Erhitzen (Durchlauferhitzer, volle Kraft). Eine Filterung über Torf kann weitere Erfolge bringen. Wo alles nichts nützt, sind die oft erwähnten Kunstharzaustauscher ein Hilfsmittel.

Eine Vollentsalzung wird dann vorgenommen, wenn die Teilentsalzung nicht genügend gutes Wasser hergibt. Hat das Rohwasser einen zu hohen Anteil Nichtkarbonathärte (NKH oder Sulfathärte), so muß die Vollentsalzung an eine Teilentsalzung angeschlossen

Auch wenn das Wasser nicht so spektakulär wie als Wasserfall seinen Weg sucht, nimmt es Sauerstoff auf, wie zum Beispiel auch der kleine Rio Sumapaz auf diesem Bild. Er kommt aus der kolumbianischen Kordillere und fließt dem großen Rio Magdalena entgegen

werden. Dadurch wird es völlig entmineralisiert. Dieses Wasser hat dann, biologisch gesehen, die gleichen Eigenschaften wie destilliertes Wasser. Mit ihm und geringen Teilen des ursprünglichen Leitungswassers läßt sich dann nach der angegebenen Kreuzmischung das passende Aquarium- oder Zuchtwasser herstellen. Es würde hier zuweit führen, die Konstruktion solcher Vollentsalzungsanlagen zu erklären. Dafür gibt es entsprechende Spezialliteratur.

Abschließend sei zum Thema Wasser noch gesagt, daß die Meinung, Regenwasser könnte ganz weiches Wasser ersetzen, leider heute nicht mehr zutrifft. Theoretisch ist das natürlich dann noch möglich, wenn das Gebiet, in dem das Wasser aufgefangen wird, weit entfernt liegt von industriellen Verunreinigungen der Luft, auch von Müllverbrennungsanlagen, sofern diese nicht durch starke Filterung der Abgase die Umwelt schützen.

Die Ernährung der Fische

Futter und Fütterung tragen viel zum Gesamteindruck bei, den die Aquarienbewohner auf einen Betrachter des Beckens machen. Die Vitalität, also die Lebenskraft und die Lebendigkeit der Fische, ist für sie von gleicher Wichtigkeit wie ihre Gesundheit, denn beide stehen meist miteinander in Wechselbeziehung. Es ist schon viel über eine »ausgewogene Fütterung« geschrieben worden. Oft ist es aber so, daß zumindest von den Futteranbietern jeder nur das meint, was er in seiner Produktpalette anbieten kann. Sicher gibt es verschiedene Wege, Fischfutter von guter Qualität herzustellen und für den Wiederverkauf schön verpackt anzubieten. Bei der Herstellung von Trockenfutter gegen die Produzenten allerdings meist geheimnisvolle Wege. Hier wird oft mit viel Hitze gearbeitet, und sie schadet vielen flüchtigen Substanzen. Keine Angst: Es gibt jetzt auch ein Granulat, dessen Grundstoffe naturbelassen sind und bei dem sich auch nicht die Frage stellt, ob es absinken soll, im mittleren Wasserbereich schweben oder an der Oberfläche schwimmen – je nach Freßgewohnheiten, kurz: Jede Fischart kommt zu ihrem Recht.

Wenn sich die Fische gut an ihren Pfleger gewöhnt haben, kann es vorkommen, daß sie ihm sogar aus der Hand fressen

Die Fütterung

Die Pflanzen entnehmen ihre Nahrung zum größten Teil dem Wasser und dem Boden. Wenn sie nicht recht gedeihen wollen, gibt es genügend Düngepräparate der verschiedensten Zusammensetzungen.
Anders ist es mit den Fischen: Sie können keine Nährstoffe in gelöster Form aus dem Wasser aufnehmen. Man wird sie also nicht düngen, sondern füttern. In einem abgeschlossenen Becken finden Fische keine ausreichende Nahrung, weshalb der Fütterung besondere Aufmerksamkeit geschenkt werden muß. Die größten Fehler, die hier gemacht werden können, sind Überfütterung der Tiere und Gleichförmigkeit bei der Futterzuteilung.
Grundsätzlich sollte man den Fischen – zumindest bei der Verabreichung von totem Futter – immer nur so viel anbieten, wie sie in wenigen Minuten verzehren können. Da auch im freien Leben der Tiere Zeiten der Futterknappheit auftreten können, schadet es nicht, wenn die Tiere einmal mehrere Tage lang nicht gefüttert werden oder nur in bestimmten Abständen, alle zwei Tage etwa. Das setzt natürlich voraus, daß es sich um erwachsene sowie gutgenährte und gepflegte Fische handelt.

Urlaub für Aquarianer

Dies ist weniger problematisch, als allgemein angenommen wird. Es ist nicht sonderlich schlimm, wenn man seine Tiere 2–3 Wochen lang nicht füttert – man muß sie allerdings vor dieser Zeit gut im Futter gehalten haben. Ebenfalls sollten vorher keine neuen Fische zugesetzt werden (sie könnten eine Krankheit eingeschleppt haben, die sich gerade während der Abwesenheit des Pflegers übel auswirkt). Zudem muß die Aquarienanlage über eine elektrische Schaltuhr verfügen, damit die Fische ihren geregelten Ablauf zwischen Tag und Nacht beibehalten.
In jedem Aquarium bilden sich, meist übersehen, mit der Zeit kleine Algen, die an Pflanzen und Scheiben haften. Bei Futterknappheit entdecken viele Fische diese vegetarische Kost, die ja überaus nahrhaft ist und auch die Tiere nicht zu dick werden läßt.
Wer über einen Futterautomaten verfügt, sollte versuchen, ihn auch mit gefriergetrocknetem Futter zu bestücken. Dieses Futter enthält alle Nährstoffe und ist deshalb mit am geeignetsten für alle Fische. Für manche Automatenkonstruktionen ist es möglicherweise zu leichtgewichtig, so daß es nicht aus dem Behälter rutscht. Außerdem treibt es im Aquarium nach oben, solange es noch trocken ist. Fische, die dieses Futter kennen, »pflücken« es aber schon von der Wasseroberfläche – so gierig sind sie danach.

Das geeignete Futter

In jedem Aquarium herrscht innerhalb der Arten, der Familien oder einfach dieser Gemeinschaft eine Rangordnung, die sich in erster Linie bei der Fütterung beobachten läßt. Manchmal sieht es nur so aus, als dürften alle Fische gemeinsam fressen. Plötzlich aber dreht ein meist größerer Fisch ab und saust hinter einem Vorwitzigen her, der eigentlich noch nicht an der Reihe gewesen wäre. Erst muß der »Chef« gefressen haben, drum wird der Übeltäter, der sich vorgedrängt hat, zur Raison gebracht. Jungfische, bei denen man nicht genau weiß, was sie fressen, soll man gegebenenfalls mit der Lupe beobachten, um festzustellen, welche Futterart sie bevorzugen. Auf diese Weise kann man später gezielter füttern.
Ein weiterer Grundsatz in der Ernährung ist, sie abwechslungsreich und der Jahreszeit angemessen zu gestalten. Die Auswahl der Futterarten ist besonders durch das Hinzukommen des tiefgefrorenen Futters so umfangreich geworden, daß niemand seine Pfleglinge mehr mit nur einer oder zwei Arten zu beköstigen braucht. Erkrankungen, die durch Mangelerscheinungen hervorgerufen werden, können die Tiere sogar zum Verenden bringen. Freßunlust ist bei vielen Arten ein Alarmzeichen, das auf eine zu einseitige Ernährung hindeutet.

In erster Linie muß den Ansprüchen der Fische gemäß gefüttert werden. So benötigen Raubfische und lebhafte Arten mehr und andersartige Nahrung als ruhige Tiere. Es ist zwecklos, einem Raubfisch, von dem man weiß, daß er nur zappelndes Lebendfutter nimmt, ein paar Flocken Trockenfutter oder einige Tubifex anzubieten. Ebensowenig kann ihn ein Wasserfloh locken; im Gegenteil: Je kleiner das Lebendfutter ist, um so größer ist das Unbehagen des Räubers. Wenn es beispielsweise in einem Aquarium von Wasserflöhen wimmelt, ziehen sich Raubfische in die äußersten Ekken zurück und nehmen eine dunkle Färbung an. Das bedeutet dann unmißverständlich Protest, die Fische fühlen sich nicht mehr wohl.
Man teilt das Futter auf nach den verschiedenen Maulgrößen der Fische. Das heißt nun aber nicht, daß etwa größere Salmler, die ein relativ kleines Maul haben, nicht auch mal einen größeren Brocken verschlingen möchten.

Kräftiges Lebendfutter

Geeignet als Futter für Buntbarsche, große Salmler und andere große Raubfische sind Jungfische, Kaulquappen, glatte Raupen, Wasserinsekten und deren Larven, Asseln, Regenwürmer, Mehlwürmer, Schnekken, Obst- und Fliegenmaden, Fliegen und andere Luftinsekten.

Mittleres Lebendfutter

Dies besteht aus Mückenlarven, Tubifex (Bachröhrenwürmer), Enchyträen (Erdwürmer), zerhackten oder kleinen Regenwürmern, Wasserflöhen, kleinen Fliegen und Maden, Blattläusen.

Kleines Lebendfutter

Dies sind Wasserflöhe und Cyclops, kleine Mückenlarven, kleine Tubifex (meist »rote« Ware), Grindalwürmchen, Mikro, Taufliegen, Nauplien des Salinenkrebses sowie größere Futtersorten, die zerhackt oder zerquetscht wurden.

Was versteht man unter Schabefleisch?

Selbst Fische, die als gelegentlich heikle Fresser gelten (wie die verschiedenen Diskusfischarten), nehmen gern und ausdauernd das sogenannte Schabefleisch, wenn es richtig zubereitet wurde.
Schabefleisch, das ist in erster Linie Muskelfleisch von Warmblütern. In den meisten Fällen verwendet man Rinderherz, von dem man ein größeres Stück kauft und säubert. Nur das magere, dunkelrote Fleisch darf verwendet werden. Es wird in etwa 2 x 2 cm große Würfel geschnitten und tiefgefroren. Das hat seinen besonderen Grund: Das sehr hart gefrorene Fleischstück läßt sich wesentlich besser schaben als ein ungefrorener, roher Brocken.
Zweckmäßigerweise nimmt man zum Schaben eine handbetriebene oder elektrisch drehbare Tischmühle bzw. ein entsprechendes Haushaltsgerät mit austauschbaren Drehscheiben und verwendet davon die feinste. Ihre feinen Ausbuchtungen dürfen nur Fleischstreifchen abschaben, die höchstens der Stärke eines Streichholzes entsprechen und so, ins Becken gegeben, an eine rote Mückenlarve erinnern.
Diskuszüchter, die das Herzfleisch mit verschiedenen anderen Zutaten vermischen, verwenden meistens einen elektrischen Zerkleinerer (»Mixer«). Dabei wird das Futter oft sehr fein zermahlen, für Aquarien ohne Bodengrund und Jungfische gerade recht. Zu feines Futter hat jedoch in Verbindung mit körnigem Bodengrund den Nachteil, daß die Futterkrumen versinken und damit zum Schneckenmastfutter werden. Wer es trotzdem in dieser Form verwendet, soll ein bis zwei Stunden nach dem Lichtabschalten gelegentlich sein Aquarium mit der Taschenlampe inspizieren, um den Schneckenbestand zu kontrollieren.

Lebendes Jungfischfutter

Dieses Futter benötigt man zur Aufzucht der Fischbrut, und es wird nur in den ersten Lebenstagen der Jungen benötigt. Dazu eignen sich Infusorien (vor allem Räder- und Pantoffeltierchen), kleine Algen, zerquetschte Futtertiere und Staubfutter. Unter Staubfutter versteht man fein zerriebenes Trockenfutter, wie man es inzwischen ja auch kaufen kann. Natürlich kann man auch aus zerhacktem Futter jeglicher Art einen Futterbrei anrühren. Doch muß man dieses Futter, um Unsauberkeiten im Zuchtbecken zu vermeiden, durch ein etwas groberes Leinentuch drücken. Für Jungfische eignen sich außerdem die wohl am häufigsten zu diesem Zweck verfütterten Larven der Salinenkrebse (*Artemia salina*). Man kann diese Larven, nach altbekannter Methode, in Wasserflaschen, aus gekauften Eiern und mit Zusatz von Kochsalz (!) heranziehen. Mit Hilfe einer Membranluftpumpe werden die Eier durch die ausströmende Luft ständig in Bewegung gehalten und sind dabei allseits vom Wasser umgeben. Je nach Wärmegrad des Wassers schlüpfen die Larven oder Nauplien nach 24 bis 36 Stunden. Seitdem das Aufzuchtfutter »Mikrozell« (von Hobby) entwickelt wurde, ist es auch möglich, aus Larven größere Krebse heranzuziehen. *Artemia salina* lebt in der Natur in Wasser, das eine Vielzahl von Salzen, anderen Mineralien und Spurenelementen in spezifischer Zusammensetzung enthält.

Die Krebse ernähren sich überwiegend von Phytoplankton. In dem Mikrozell-Aufzuchtfutter ist das für die Ernährung der Larven lebenswichtige Phytoplankton enthalten. Zusätzlich kann deshalb normales Kochsalz (Salinensalz) verwendet werden, weil es sich dabei ja um das gelöste Material der Salinen handelt, in denen die Krebse sonst leben. Man nimmt einen gestrichenen Teelöffel Salz auf ½ Liter Wasser.

Sind die Larven geschlüpft, muß das Wasser, in dem sie heranwachsen sollen, die dreifache Konzentration des Aufzuchtwassers bekommen. Daher müssen die Larven sofort nach dem Schlüpfen umgesetzt und gefüttert werden. Es empfiehlt sich, nur kleine Behälter zu verwenden, bei denen der Wasserstand höchstens 8–10 cm beträgt. So können die Babykrebse das Futter bequem aufnehmen, ohne daß sie viel umherschwimmen müssen.

Artemien sind sogenannte Filtrierer, d. h., sie sortieren aus dem Wasser die schwebende Nahrung aus. Bei der Aufzucht in Kleinstbehältern von 50–100 cm^3 wird ungefähr eine Messerspitze voll Mikrozell ins Wasser gegeben und umgerührt, bis eine leichte Trübung entsteht. Wirkt das Wasser wieder einigermaßen klar, muß nachgefüttert werden. Auch hier gilt wie bei unseren Fischen der Grundsatz: Lieber öfter in kleinen Mengen füttern als einmal zuviel.

Infusorien

Dies ist, wie schon an anderer Stelle erwähnt, die kleinste Art des Lebendfutters, die als Erstfutter für die Fischbrut in Frage kommt.

Für die ersten Lebenstage ist die Fischbrut von der Natur mit einem Dottersack versehen. In ihm befindet sich eine Nahrungsreserve. Die Fischlarven können jedoch mit diesem Anhängsel nur recht mühsam schwimmen. Erst nach 2–3 Tagen, wenn der Dottersack aufgezehrt ist, schwimmen die Fische frei. Sie benötigen dann aber sofort kleinstes und reichliches Futter. Die Fischkinder sollen gleichsam im Futter schwimmen, damit sie nur zuzuschnappen brauchen. Aus diesem Grund hält man den Wasserstand in den meisten Zuchtbecken ausgesprochen niedrig.

Infusorien im Zuchtbecken aufzuziehen, empfiehlt sich nicht, vielmehr sollte man eine oder mehrere Zuchten in Halblitergefäßen anlegen. Pantoffeltierchen erhält man, indem man über ausgedroschene Roggenähren sowie auf Kohlrabi- oder Rübenschnitzel Regen- oder Tümpelwasser gießt und dieses Gemisch an hellem Standort stehen läßt. Nach zwei bis drei Tagen entwickeln sich so viele Infusorien, daß zum Licht hin rosafarbene Wolken erscheinen. Das Wasser kann nun mit einem Löffel oder einer Pipette tropfenweise ins Zuchtbecken abgegeben werden. Man darf immer nur kleine Gaben reichen, da die Tierchen in wärmerem Wasser bald absterben. Trotzdem soll man laufend füttern. Algen soll man nicht aus dem Infusorien-Zuchtgefäß übertragen.

Wem das alles zu kompliziert ist, dem bietet der Handel auch Infusorienansätze in Pulverform an.

Tiefgekühlte Zierfischnahrung

In den letzten Jahren haben sich die Angebote von Qualitätstiefkühlfutter im Handel nicht nur verbessert, es hat sich vor allem auch die Palette ihres Umfanges verbreitert, so daß sich heute kein Aquarianer herausreden kann, wenn es darum geht, empfindlichen Nahrungsspezialisten eine abwechslungsreiche Ernährung anzubieten. Daß eine ausschließliche Fütterung mit diesen Produkten etwas aufwendiger ist, liegt auf der Hand.

Welche Arten von Tiefkühlnahrung für Zierfische aller Größenklassen der Handel führt, muß ihm überlassen bleiben. Sicher kann man bei etwas umfangreicherer Abnahme für den hauseigenen Tiefkühlschrank Bestellungen in jeder größeren Fachhandlung aufgeben und bei einer solchen Gelegenheit auch günstiger einkaufen, denn auch für den Handel gibt es sogenannte Preisstaffeln.
Das Angebot ist riesig, wie die übersichtlichen Verkaufsschränke größerer Aquarienabteilungen zeigen. Es reicht in vielen Fällen von Roten, Schwarzen und Weißen Mückenlarven unterschiedlicher Herkunft, Tubifex, Wasserflöhe, Cyclops, Bosmiden, Artemien, Mysis, Krill und Bachflohkrebsen (gebrüht und ungebrüht) über Rädertierchen, Plankton verschiedener Herkunft, Lobstereier, kleine Süßwassergarnelen, Kleinfische (Stinte) bis zu Mies- und Herzmuscheln. Daneben werden für bestimmte Fischarten (z. B. Diskus) gemischte fertige »Menüs« wie auch vorbereitetes Rinderherz offeriert. Es versteht sich, daß Großpackungen weniger aufwendig und auch wegen des geringeren Verpackungsaufwands umweltfreundlicher sind als kleinere oder die sogenannten Blisterpakkungen, bei denen man jeden Block des Futters einzeln herausdrücken kann.

Gefriergetrocknetes Futter

Man ist inzwischen dazu übergegangen, fast alle Arten von Lebendfutter auf diese Art zu konservieren. Die meisten Fische fressen dieses Futter ausgesprochen gern; das ist kein Wunder, da ja bei seiner Zubereitung nur die besten Rohstoffe wie Garnelen, Salinenkrebse und Daphnien, Tubifex und Mückenlarven verwendet werden.
Was versteht man unter gefriergetrockneter Nahrung? Um diesen Herstellungsprozeß zu verstehen, muß man sich den Gang der Dehydration (Entzug des Wassers) vor Augen führen. Denken wir nur daran, wie im Winter die Wäsche trocken wird, obgleich die unter freiem Himmel hängenden Textilien gefroren sind. Sie tauen dabei nicht auf! Dieser Wechsel von Eis zu Dampf, ohne die Flüssigkeitsphase zu durchlaufen, wird Sublimation genannt. Das ist auch die Grundlage der Gefriertrocknung. Es entsteht dabei keine Hitze, die die Nahrung beschädigen, Geschmack und Wert beeinflussen könnte; es gibt keine heiße Flüssigkeit, die die Struktur beschädigen würde. Das Eis geht in Dampf über, der weggeblasen wird. Zurück bleibt eine leichte, poröse Masse. Nur das Wasser wurde entfernt – sonst nichts. Solche Bearbeitung ist kostspielig; unsere tiefgefrorene Zierfischnahrung ist deswegen auch nur ein Nebenprodukt. Die Grundlage zu dem Kühlprinzip schuf die Weltraumforschung.
Auch der Nachteil dieses Futters soll hier nicht verschwiegen werden: Die Futterpartikel sind sehr leicht. Will man sie direkt aus der Dose verabreichen, so schwimmen sie an der Wasseroberfläche, und viele Fische scheuen sich instinktmäßig (fischfressende Vögel) an die Oberfläche zu schwimmen. Weicht man das Futter ein und macht es dadurch schwerer, muß man mehrere Arbeitsgänge und mehr Zeit aufwenden.

Trockenfutter

Futter in Staub-, Flocken- oder Scheibenform verfüttert man am zweckmäßigsten im Futterring. Wer besonders sparsam füttern will, kann dieses Futter mit zwei Fingern kurz »ins Becken rühren«. Die Fische wittern ohnehin den Leckerbissen und schießen bald aus ihren Verstecken hervor.
Die meisten Raubfische rühren das Futter nicht an, weil sie größere Brocken gewohnt sind. Viele Cichliden aber gehen sehr gern an Trockenfutter – natürlich darf es nicht das einzige Futterangebot bleiben! Völlig ungeeignet zur Verfütterung sind Brot-, Semmel- und Kuchenkrümel, Mehlspeisen, Oblaten, getrocknete Ameisenpuppen und gekochte Kartoffeln, weil sie schwere Darmstörungen bei den Fischen hervorrufen und auch zum Teil das Aquariumwasser unnötig trüben und verpesten.
Trockenfutter ist nicht nur das, was man im zoologischen Fachhandel in kleinen Dosen erwerben kann. Dazu zählen auch Haferflocken, hartgekochte Eidotter und Trockenhefe. Viele Arten benötigen als Zusatzkost unbedingt vegetarische Nahrung. Man reicht ihnen solche pflanzliche Zukost mit gut abgewaschenen Salatblättern, überbrühtem Spinat, weichen Blättern vom Laichkraut sowie zerteilten und aufgeweichten Haferflocken.

Aquarienpflanzen

Den Begriff »Aquarienpflanzen« muß man deshalb vorziehen, weil nicht alle, die im Aquarium Verwendung finden, ständig untergetaucht lebende Wasserpflanzen sind. Zu den Pflanzen des Aquariums gehören auch Ufer- und Sumpfpflanzen wie Cryptocorynen und Amazonas-Schwertpflanzen. Durch den Bodengrund, durch Steine und Wurzeln, vor allem aber durch die grünen Pflanzen wird das Gesamtbild im Aquarium bestimmt. Der Lichtbedarf der Aquarienpflanzen kann recht unterschiedlich sein, wie er es auch in der Natur ist. Dennoch: Ohne Licht geht nichts! Ohne kräftige Beleuchtung sind die Pflanzen nicht in der Lage, tagsüber zu assimilieren (man spricht dann auch von der Photosynthese) und den Kohlenstoff zu verarbeiten. Die Pflanzen gehören somit zum biologischen Miteinander im Aquarium. Den Fischen dienen sie nur indirekt, unter anderem auch als Schutz oder zur allgemeinen Raumgliederung, mit deren Hilfe der Lebensraum Aquarium in Reviere und andere Zonen aufgeteilt wird. Der Umfang der Aquarienbepflanzung hängt auch von der Größe des Beckens ab und davon, ob die Pflanzen überwiegend Selbstzweck sein sollen, wie wir das von den Holländischen Pflanzenbecken kennen, oder zusammen mit den Fischen eine Gemeinschaft zu bilden haben. Im letzten Fall ist es wichtig, den Vordergrund im Becken als Schwimmraum freizuhalten. Das heißt nicht, daß der »nackte« Kies- und Sandboden zu sehen sein muß. Man kann auch den Vordergrund bepflanzen, nur sollen diese Pflanzen klein bleiben, eher grasartigen Charakter haben.

Ein großes, oben offenes Wohnzimmer-Schauaquarium. Seine lichthungrige Attraktion ist die große *Aponogeton ulvaceus* auf der linken Beckenseite

Die Rolle der Aquarienpflanzen

Erst durch die Pflanzen wird das Bild des Aquariums bestimmt. Dabei kann leicht die Überzeugung entstehen, Pflanzen seien in erster Linie Dekorationsmittel. Deswegen sind ein paar Informationen über die biologischen Zusammenhänge notwendig.

Wasserpflanzen und Fische atmen Sauerstoff ein und Kohlensäure aus. Natürlich können sie die H_2O-Moleküle des Wassers nicht spalten; sie können nur die im Wasser gelösten Stoffe aus der Luft zur Atmung gebrauchen. Die Mengen dieser Stoffe aber sind verschieden. Der Fisch benötigt mehr Sauerstoff und gibt mehr Kohlensäure ab als die Pflanze. Dieses Mißverhältnis der Atmungsvorgänge wird wettgemacht durch die Assimilation der Pflanzen: Unter dem Einfluß der Sonnen- und Lichtenergie aus den anorganischen Substanzen des Bodens wie des Wassers und mit Hilfe des Blattgrüns bauen die Pflanzen organische Stoffe (Eiweiß, Stärke, Zucker) auf. Diese Fähigkeit hat die Pflanze allen Tieren gegenüber voraus. Bei dieser Assimilation wird mehr Kohlensäure benötigt, als die Fische ausatmen, und mehr Sauerstoff frei, als die Pflanzenatmung braucht.

Da der Fisch Kohlensäure ausatmet, kommt diese Kohlensäure der pflanzlichen Assimilation zugute, während das bei der Assimilation abgebaute Zuviel an Sauerstoff der Fischatmung zugute kommt.

Nur nachts, wenn die Assimilation mangels Sonnenlichts ruht, erzeugt die Pflanze bei ihrer Dissimilation keinen Sauerstoff und benötigt keine Kohlensäure, sondern atmet diese aus, deren Überschuß nun in Bikarbonaten gespeichert wird. Ihr Bedarf an Sauerstoff ist aber so gering, daß die Fische in ihrem Schlafzustand unter normalen Verhältnissen nicht zu leiden brauchen. Nur eine Überbesetzung mit Fischen und Pflanzen kann sich ohne Durchlüftung schlecht auswirken. Den geringsten Sauerstoff- und dabei gleichzeitig den höchsten Kohlensäuregehalt hat das Wasser daher morgens gegen 9 Uhr.

Für die an das Wasser abgegebene Sauerstoffmenge ist die Gesamt-Oberfläche der Wasserpflanzen entscheidend. Je größer diese ist, um so größer ist die pflanzliche Sauerstoffausscheidung. Es ist zu beachten, daß nicht die großblättrigen Pflanzen die größte Oberfläche haben, sondern gerade die feinfiedrigen und reich beblätterten wie Haarnixe, Tausendblatt, Wasserpest, Javamoos und Indischer Wasserwedel. Daher ist bei der Bepflanzung auf die Lichtverhältnisse Rücksicht zu nehmen.

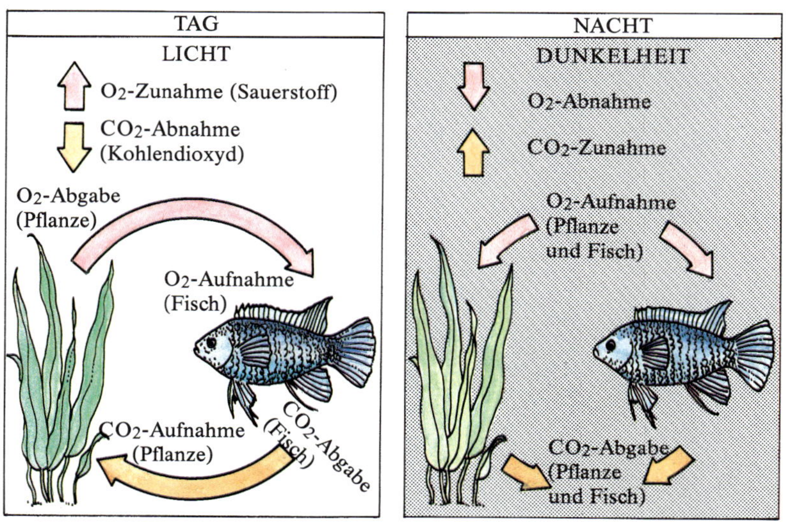

Ablauf der Photosynthese mit Assimilation bei Tage und Dissimilation bei Nacht. Man erkennt, daß am frühen Morgen (rechts) der Sauerstoff (O_2) abgenommen und dafür Kohlendioxid (CO_2) zugenommen hat. Erst nachdem die Assimilation wieder mehrere Stunden angelaufen ist, nimmt der Gehalt an Sauerstoff entsprechend dem Pflanzenbesatz wieder zu. Es ist somit nicht nur unsinnig, sondern sogar für die Fische gefährlich, wenn die CO_2-Düngeanlage über Nacht in Betrieb gehalten wird. Besser ist eine automatische Dauerregulierung

Einblick in eine einfach gestaltete Aquarienlandschaft, in der Rote Neonfische *(Paracheirodon axelrodi)* die hauptsächlichen Bewohner sind

In dem Teil des Beckens, das am meisten Licht bekommt, werden die Pflanzen eingesetzt, die sehr lichtbedürftig und schnellwüchsig sind. Dadurch schirmen sie andere kleinere Pflanzen vom Licht ab. Stellen im Becken, die durch diese Schatten oder auch durch überhängende Dekorationsstücke keiner so hohen Lichteinstrahlung ausgesetzt sind, werden mit den Pflanzen besetzt, die weniger anspruchsvoll in ihrem Lichtbedürfnis sind. Zartgefiederte Pflanzen brauchen fast immer viel Licht und vertragen auch keinerlei Algenbildung.

Im Unterschied zu vielen Landpflanzen vermögen die Wassergewächse nicht nur mit ihren Wurzeln mineralische Stoffe aufzunehmen, sondern vor allem durch ihre »Wassertrinker« auf den Blättern. Beim Thema »Bodengrund« war davon bereits die Rede. Damit entnehmen sie dem Wasser organische Verbindungen (Harnstoffe, Asparagin, Treatin, Guanin), um sie für ihren Aufbau zu verwerten. So kommen den Pflanzen also die Verdauungsrückstände ihrer schwimmenden Mitbewohner direkt zugute. Sie müssen nicht erst den Weg über die Umwandlung zu mineralen Stoffen gehen. Dadurch wiederum wird den schädlichen Bakterien der Nährboden entzogen und ihrer Vermehrung, der Wassertrübung und der Wasservergiftung vorgebeugt. Allerdings spielt auch hier wieder das Verhältnis der Beckenbesetzung von Pflanzen zu Fischen eine Rolle.

Je mehr Pflanzen auf einen Fisch kommen, um so reiner wird das Wasser sein. Der dabei in geringeren Mengen anfallende Mulm wird durch Destruenten abgebaut und dann von den Wurzeln der Pflanzen aufgenommen. Ein Überschuß an Mulm ist also stets als Zeichen für eine übermäßige Fischbesetzung anzusehen, womit das anfangs erwähnte biologische Gleichgewicht nicht erzielt werden kann. Andererseits gibt es eine Reihe von Fischen, die gern im Mulm wühlen und davon eine gewisse Menge benötigen. In solchen Fällen darf die Tierbesetzung größer sein. Besser als der Mulm ist allerdings für solche Fische gelegentlich eingetragener Flockentorf (nicht Fasertorf!).

Pflanzen vieler Arten bevorzugen bestimmte Nährstoffe. Das kommt den meisten Aquarienfreunden entgegen, denn sie wollen ja keine artgleiche Bepflanzung in ihrem Becken, sondern eine schöne Mischung unterschiedlich geformter und gefärbter Gewächsarten. So können die Pflanzen aus den angebotenen Nährstoffen auch besser ihre Wahl treffen.

Der Umfang der Aquarienbepflanzung

Wie viele Pflanzen ins Aquarium gehören, hängt in erster Linie vom Verhältnis Fisch/Pflanze ab. Große, lebhafte und zahlreiche Fische verbrauchen im allgemeinen mehr Sauerstoff, das heißt, sie benötigen also mehr Pflanzen als kleine und wenige Fische. Jedoch ist der Umfang der Bepflanzung auch von der Fischart abhängig.
Es gibt Fische, für die ein stark verkrautetes Becken richtig ist (Labyrinther), während man bei Fischen aus freien Gewässern, die also einen großen Schwimmraum benötigen, nur die hinteren Ecken dicht und die Rück- und Seitenwände mit einzelnen Gewächsgruppen bepflanzen sollte. Dabei können nur Pflanzen eingesetzt werden, die viel Sauerstoff erzeugen.
Manche Fische benötigen feinfiedrige oder breitblättrige Büsche als Laichsubstrat oder Versteck. Labyrinther legen ihre Schaumnester gern an Schwimmpflanzen an, wie überhaupt viele Fische den Halbschatten der Schwimmpflanzen lieben. Für Segelflosser, die breite Blätter gern zerrupfen, sind Sumpfschrauben, Pfeilkräuter oder Schwertpflanzen zweckmäßig. Für Schwarmfische mit Leuchtsignalen eignet sich ein schattiger Standort im dichtbepflanzten Hintergrund des Beckens, damit ein starkes künstliches Oberlicht die Farbenpracht zur Geltung bringen kann. Zu ihnen passen Pflanzen, die Schatten bevorzugen (Wasserkelche) oder bei mäßiger Beleuchtung noch einigermaßen gedeihen (Schwertpflanzen).
Wenn bestimmte Fischarten (Buntbarsche) stark wühlen, hält man die Pflanzen besser in Töpfen oder läßt sie frei schwimmen; wenn sie gründeln (Karpfenfische), wird man auf feinfiedrige Pflanzen (Tausendblatt), die leicht verschmutzen, verzichten. Auch Buntbarsche und Keilfleckbarben sowie eine Reihe von anderen Arten, die zartes Grün nicht verschmähen, darf man nicht mit diesen zarten Pflanzen (Tausendblatt, Haarnixe) zusammenbringen – will man sie nicht auf diese kostspielige Art füttern!
Übertrieben reichlicher Pflanzenwuchs kann bei geringem Fischbestand, reichlicher Beleuchtung und mangelhafter Durchlüftung manchmal schädlich werden, da infolge des CO_2-Mangels die Bikarbonate des Wassers derart ausgefällt werden, daß sich auf den Blättern eine Kalkkruste bildet und sie sich sandig anfühlen (biogene Entkalkung).
Solchem Mangel kann neuerdings ohne die fragwürdige Anwendung von Mineralwasser abgeholfen werden: Mit einem Diffusionsgerät zur gasförmigen Kohlenstoffdüngung, wie sie inzwischen von verschiedenen Herstellern angeboten werden.
Die Aufnahme chemisch gebundenen Kohlenstoffs aus Karbonaten bzw. Hydrogenkarbonaten (Hydrogenkarbonat-Assimilation) erfolgt normalerweise schwach und unregelmäßig. Die in dieser Form für die Aquaristik geschaffenen Diffusionsgeräte versorgen die Pflanzen ausreichend mit gasförmigem Kohlenstoff. Dies sei übrigens auch ein Tip für die Freunde von Nur-Pflanzenbecken.
Ein normaler Ablauf aller biologischen Prozesse ist also weder bei einer Überbesetzung noch bei einer Überbepflanzung des Aquariums möglich. Die Kohlensäuredüngung kann als zusätzliche Gabe, im Frühjahr aber auch über einen bestimmten Langzeitraum bei normal besetztem Becken vorgenommen werden.
In diesem Zusammenhang seien noch ein paar Hinweise zur CO_2-Pflanzendüngung im Aquarium erlaubt:
Mit dem Prozeß der Photosynthese wird Sonnen- bzw. Lichtenergie eingefangen, und sie findet nur in chlorophyllhaltigen (normalerweise grünen) Pflanzenzellen statt. Nur sie können mit Hilfe der Lichtenergie aus anorganischen Stoffen alle chemischen Verbindungen herstellen, die sie für den Aufbau ihrer Zellen und die in ihnen stattfindenden Lebensprozesse brauchen. Alle (!) anderen Lebewesen empfangen ihre Lebensenergie, indem sie sich direkt oder indirekt von chlorophyllhaltigen Pflanzen ernähren!
Man sollte einmal intensiver als allgemein üblich darüber nachdenken, daß auch alle Energie, von der man heute sagt, daß wir Menschen sie verschwenden, im Ursprung allein das Resultat aus der Photosynthese der Pflanzen ist. Nur die Atomenergie macht hierbei eine Ausnahme. Es wurde bereits erwähnt, daß Pflanzen zur Photosynthese die Energie des Lichtes benöti-

Die Pflege der Aquarienpflanzen

Wie pflanzt man Unterwassergewächse?

Vor dem Einpflanzen muß das Aquarium von anhaftenden Fadenalgen, Schneckenlaich, faulen Stellen usw. gereinigt und dann für etwa 20 Minuten in einer rosafarbenen bis weinroten Lösung von übermangansaurem Kali (Kaliumpermanganat) desinfiziert werden. Auch ein 5–10 Minuten dauerndes Bad in einer Alaunlösung (1 Teelöffel/1 l Wasser) oder eine Wasserstoffsuperoxyd-Spülung (1 Teelöffel/1 l Wasser) sind zu empfehlen. Danach werden die Pflanzen vorsichtig abgespült.

Beim Einsetzen beginnt man mit den höchsten Pflanzen an der Rückseite des Beckens, während man die Schauseite möglichst freiläßt oder hier nur kleinbleibende und rasenbildende Pflanzen verteilt. Jedoch müssen die Wurzeln ihrem natürlichen Wachstum gemäß eingesetzt werden.

Wasserkelche (Cryptocorynen) und Sumpfschrauben (Vallisnerien) treiben ihre Wurzeln senkrecht nach unten. Dafür wird mit Zeige- und Mittelfinger ein entsprechendes Loch in den Bodengrund gebohrt, die Pflanze mit Daumen und Zeigefinger oder mit einer Pflanzenzange ein wenig tiefer als bis zum Wurzelhals, aber mit gestreckter Wurzel, eingesetzt. Der Bodengrund wird leicht angedrückt und dann die Pflanze vorsichtig bis zum Wurzelhals wieder hochgezogen. So wird erreicht, daß auch die feinfiedrigsten Wurzeln abwärtsgerichtet im Boden stecken. Bei Sumpfschrauben kann der Wurzelhals sogar etwas über den Boden hinausragen.

Für jede Pflanze wird eine Bodenfläche von 5-6 cm^2 gerechnet, jedoch richtet sich der Setzabstand auch nach Größe und Wachstum. Größer werdende Arten, wie etwa *C. griffithi, C. ciliata* oder *C. becketti* benötigen einen Abstand von mindestens 15 cm.

Wasserähren *(Aponogeton)* und Schwertpflanzen *(Echinodorus)* sind Flachwurzler, die ihre Wurzeln nur wenige Zentimeter in den Bodengrund treiben und sie ansonsten horizontal verlaufen lassen. Für sie bildet man mit den Fingern eine entsprechend lange, nach außen etwas vertiefte Mulde, breitet darin die Wurzeln fächerförmig aus und deckt sie wieder mit Bodengrund zu. Kleinere Exemplare sollen etwa 8–10 cm, größere (für größere Becken) 15–30 cm auseinanderstehen. Manche Wasserährenarten mit 20–40 Blättern benötigen Raum nach allen (!) Seiten.

Wasserpflanzen, die ihre Aufbaustoffe mit den »Wassertrinkern« ihrer Blätter dem Wasser direkt entnehmen, werden als Stecklinge ohne Wurzeln eingesetzt, nachdem man vorher die Blätter der beiden unteren Stengelglieder abgezupft hat. Flache Steine verhindern das Aufschwimmen solcher Stecklinge, bis sie Haftwurzeln gebildet haben. Solche rankenden Pflanzen werden als Büsche zu 4–6 Stück zusammengesetzt, weil sie sonst zu dürftig aussehen. Allenfalls können die einzelnen Ranken 1–2 cm voneinander entfernt sein, was vor allem für die Haarnixen *(Cabomba)* gilt. Auch kleinbleibende Arten setzt man buschweise.

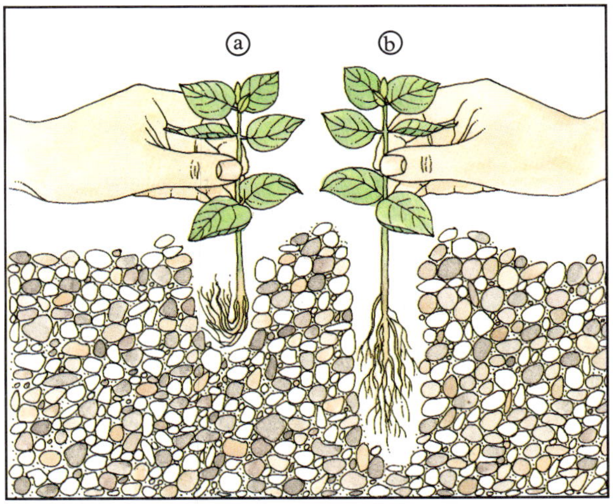

Bereits beim Einsetzen der Pflanzen können Fehler gemacht werden: Die Wurzeln sollen nicht umgebogen (a), sondern mit der Fiederung abwärts in den Boden gesenkt werden (b). Am günstigsten ist es, das Pflanzloch zunächst etwas tiefer anzulegen und das Gewächs darin nach dem Einsetzen und Andrücken wieder ein wenig hervorzuziehen

Pflanzen mit horizontal kriechendem Wurzelstock (Kalmus) sind schräg einzupflanzen, so daß die treibenden Teile aus dem Boden herausragen.

Wasserpflanzen, die ihre Aufbaustoffe ausschließlich mit Hilfe der Wurzeln dem Boden entnehmen, und andere schwer wurzelfassende und nährstoffbedürftige Pflanzen (Wasserähre, Schwertpflanze, Wasserkelch) können in Schalen in den Bodengrund eingelassen werden.

Die in den Schalen verwendete Bodenmischung kann zu zwei Dritteln mit einer Mischung aus Lehm und Aquarientorf gefüllt werden. Inzwischen sind auch fertige Erdmischungen speziell für die Aquaristik erhältlich. Dagegen ist von fertiger Blumentopferde unbedingt abzuraten, weil sie verschiedene nicht kontrollierbare Düngepräparate enthalten und außerdem leicht Fäulnisherde bilden kann. Höhere Schalen oder Töpfe, die aus dem Bodengrund herausragen, muß man mit Steinen so weit abdecken, daß sie den naturgetreuen Gesamteindruck im Becken nicht stören. Diese Methode ist auch in Becken mit wühlenden Buntbarschen nötig. Außerdem hat die Schalenkultur den Vorteil, daß bei der Reinigung des Bodengrundes die Schalen herausgenommen und anschließend wieder eingesetzt werden können, ohne der Wurzel Schaden zuzufügen.

Die günstigste Pflanzzeit ist das Frühjahr. Junge Gewächse stammen ja meist aus Treibhäusern, wo sie einen geregelten Jahresablauf gewöhnt waren. Im Aquarium wird das anders, wenn dort die Beleuchtung durch eine Uhr gesteuert wird. Diese Jungpflanzen haben im Frühjahr gerade ihre Ruhepause beendet (November bis Januar) und treiben nun verstärkt.

Die Vermehrung

Man vermehrt die Aquarienpflanzen meist auf vegetativem Wege durch Ausläufer, Sproßpflanzen, Stecklinge sowie durch Pflanzen- oder Wurzelteilung. Die Ausläufer sind von der Mutterpflanze erst dann zu

trennen, wenn sie eine ausreichende Zahl von Wurzeln gebildet haben. Stecklinge werden durch Abtrennen von den Zweigen oder durch Kürzen der Hauptachse gewonnen.
Einige Arten bilden auch ohne Einpflanzen Wurzeln, so daß es genügt, sie mit Glasnadeln oder mit flachen Steinen eine Zeitlang am Bodengrund festzuhalten, bis sie eingewurzelt sind.
Die Pflanzen- und Wurzelteilung wird ebenfalls im Frühjahr vorgenommen. Eine Teilung des Wurzelstocks ist nicht ratsam; allenfalls können Triebe abgeschnitten werden. Pflanzen, die Winterknospen treiben, werden im Herbst gesammelt, in ein flaches Gefäß mit Sand und etwas Wasser gegeben und frostfrei überwintert. Etwa Mitte Februar werden sie wieder in das Aquarienzimmer gebracht und langsam auf die Wassertemperatur gebracht. Daraufhin kann man sie wieder im Aquarium einsetzen, wo sie in wärmerem Wasser und unter der »Sonne« der Beleuchtungsanlage bald wieder zu treiben beginnen.
Sind die Pflanzen eingebracht, kann man z. B. eine Untertasse oder ein Stück Kunststoffplane (Tüte) auf die Stelle legen, an der das Wasser einlaufen soll, um so ein Aufwirbeln des Sandes bzw. des Bodengrundes zu verhindern. Eingefüllt wird vorgewärmtes und abgestandenes chlorfreies Wasser. Nach dem Auflegen der Deckscheibe und dem Einschalten der Lampen (!) bleibt das Aquarium 2–3 Wochen, mindestens aber eine Woche, ohne Fischbesatz stehen, damit die Pflanzen anwurzeln können. Während dieser Zeit kann der zukünftige Fischpfleger das Aquariuminnere beobachten und prüfen, ob alles richtig funktioniert: Heizung und Filter zufriedenstellend arbeiten, die Pflanzen sich richtig stellen, ob sich an irgendeiner Stelle kleine Schnecken zeigen usw. Diese »Vorlaufzeit« ist auch deshalb wichtig, damit sich Bakterienkolonien bilden können, die nach dem Fischeinsatz sofort mit ihrer Arbeit der Wasseraufbereitung bzw. dem Stickstoffabbau beginnen können.
Mancher Aquarianer fertigt sich vor Einrichtung des Beckens eine Handskizze an, um den gewünschten Beckentyp mit allen Steinen, Wurzeln und verschiedenartigen Pflanzen schon einmal in der Theorie »durcharbeiten« zu können. Andere lassen sich von augenblicklichen Intuitionen leiten und richten ihr Becken lieber spontan ein.

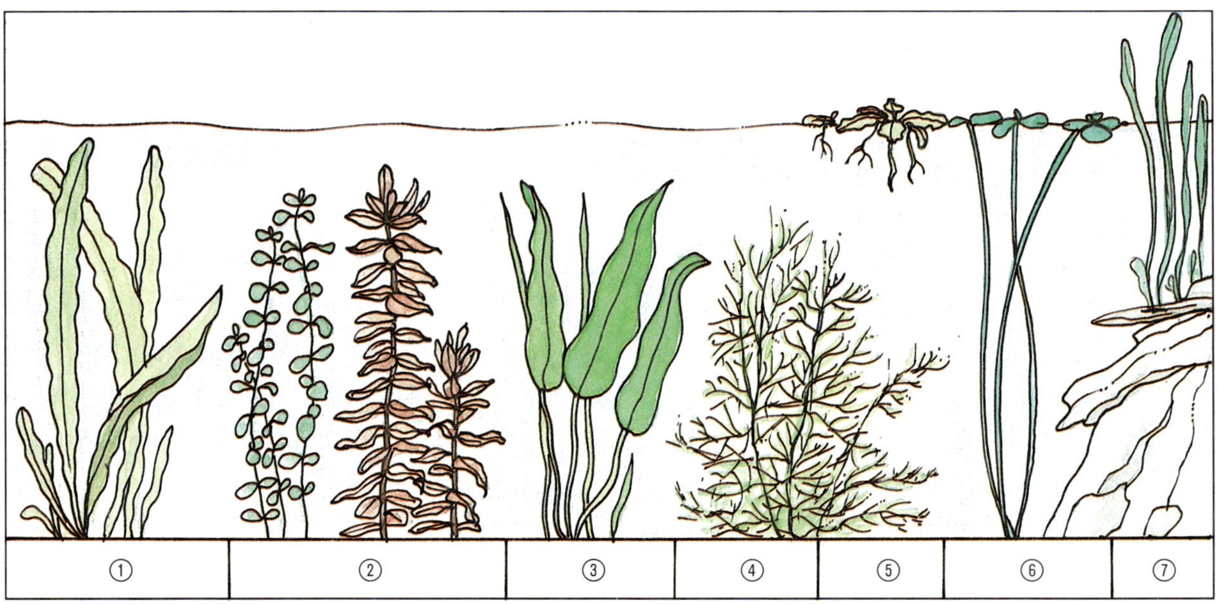

Wasserpflanzentypen: 1) mit band- oder fadenförmigen, 2) mit grobblättrigen oder moosartigen, 3) mit langstieligen, 4) mit feinfiedrigen Blättern; 5) Schwimm- und Schwebepflanzen, 6) Pflanzen mit Schwimmblättern, 7) Sumpfpflanzen

Die wichtigsten Aquarienpflanzen

Nach der Art ihres Baues und besonders ihrer Blätter kann man Unterwasser- und Sumpfgewächse (hier einheitlich als »Aquarienpflanzen« bezeichnet) in sieben Gruppen einteilen: 1. band- und fadenförmige Blätter, 2. grobblättrige oder moosartige Blätter, 3. langstielige und 4. feinfiedrige Blätter, 5. Schwimm- und Schwebepflanzen, 6. Pflanzen mit Schwimmblättern und 7. Sumpfpflanzen.

Gruppe 1: Gute Sauerstofferzeuger. Bevorzugen hellen Standort. Auch rasenbildende Arten. Ausläufer mit Glasnadeln oder Steinen an den Boden heften. Da die meisten dieser Pflanzen auch Wurzelnahrung benötigen, sind Kulturschalen angebracht. Wurzelstöcke können geteilt werden. Vallisnerien und Sagittarien nicht mit Cryptocorynen zusammenbringen!

Gruppe 2: Gute Sauerstofferzeuger. Ablaichpflanzen, die auch gute Verstecke abgeben. Büschelweise einsetzen. Da diese Pflanzen ihre Aufbaustoffe ohne Wurzeln oder Hydropoten (Wassertrinker) aufnehmen, können sie mit Glasnadeln oder flachen Steinen verankert werden, bis sie eigene Ankerwurzeln gebildet haben. Vermehrung durch Ausläufer oder Stecklinge. Heller Standort.

Gruppe 3: Pflanzen bevorzugen gedämpftes Licht und weiches Wasser. Eventuell und je nach Art sind Kulturschalen angebracht. Cryptocorynen nicht zusammen mit Vallisnerien und Sagittarien einpflanzen!

Gruppe 4: Starke Sauerstofferzeuger, von denen einige *(Cabomba)* sehr weiches Wasser und kräftige Beleuchtung benötigen. Dienen als Ablaichpflanzen und Verstecke. Da Wurzeln nur Haftorgane sind, büschelweise einpflanzen und verankern.

Gruppe 5: Ablaichpflanzen. Sehr lichthungrig. Nur etwa ⅓ der Aquariumoberfläche mit Schwimmpflanzen bedecken. Benötigen ständig Luftzufuhr und sind meist sehr empfindlich gegen Schwitzwasser. Keine Abdeckscheibe.

Gruppe 6: Zweckmäßigerweise in Kulturschalen unterbringen. Benötigen kräftiges Licht von oben.

Gruppe 7: Eignen sich auch für Terra-Aquarien, da sie hier besonders gut über die Wasseroberfläche hinauswachsen können.

Wenn man sich Aquarienpflanzen anschaffen will, so muß man wie bei den Fischen davon ausgehen, daß nicht alle Arten jederzeit und überall erhältlich sind. Wie aus der vorhergegangenen Einteilung zu ersehen ist, kann man die Gewächse nach unterschiedlichen Gesichtspunkten einteilen.

Die nun folgende Aufstellung der bekanntesten Aquarienpflanzen ist der Einfachheit halber sowie zur besseren Auffindung nach wissenschaftlichen Namen und in alphabetischer Reihenfolge der Gattungsnamen genannt.

Aponogeton madagascariensis

Acorus gramineus

Kalmus

Grasartige, bis zu 40 cm lange Blätter. Die Pflanze ist auch noch gut haltbar bei mäßigen Temperaturen, wogegen sie auf ständige höhere Temperaturen negativ reagiert. Gut für Sumpfaquarien geeignet.

Ammannia senegalensis

Afrikanische Ammannie

Eine gut haltbare, bis zu 30 cm hoch wachsende Stengelpflanze mit ungestielten und kreuzständigen Blättern. Sie ist hauptsächlich in Westafrika beheimatet. Man kultiviert sie im Aquarium gruppenweise vor grünem Hintergrund, von dem sich ihre kräftigen rotbraunen Blätter besonders intensiv abheben.

Anubias barteri var. *nana*

Zwergspeerblatt

Sumpfpflanze des afrikanischen tropischen Regenwaldes. Wie den meisten löffelblättrigen Arten bekommt ihr dauernde submerse (untergetauchte) Lebensweise nicht gut; doch ist diese Art aus der Gattung noch am besten geeignet. Liebt weiches Wasser, eine Temperatur um 24° C und mäßig helle bis helle Beleuchtung.

Acorus gramineus

Ammaninna senegalensis

Anubias barteri var. *nana*

Aponogeton madagascariensis

Gitterpflanze

Die aus Madagaskar stammende Art ist sehr beliebt und sehr dekorativ. Leider ist ihre Pflege nicht einfach und setzt einige Erfahrung voraus. Sie muß den wechselnden Lebensbedingungen des natürlichen Lebensraumes angepaßt werden. Treibt Winterknospen und verlangt eine entsprechende Ruhepause bei gesenkter Temperatur. Das Knollengewächs geht bei gleichbleibend höheren Temperaturen ein.

Aponogeton ulvaceus

Ulvablättrige Wasserähre

Diese Pflanze stammt aus Nordwest-, West- und Zentralmadagaskar. Wie das Foto auf Seite 56 zeigt, können die salatgrünen Blätter diese bis zu 50 cm hoch wachsende und füllige Pflanze zu einem schönen Schaustück heranwachsen lassen. Das Gewächs ist recht anpassungsfähig und kann in geräumigen, oben offenen Aquarien sogar zum Blühen kommen. Kräftige Beleuchtung, am besten direkt unter einem Strahler, ist für gutes Gedeihen Voraussetzung. Mit Einziehen der Blätter zeigt die Pflanze an, daß die Zeit ihrer Ruhepause gekommen ist. Diese Pause entspricht der natürlichen saisonbedingten Schwankung von heimischer Temperatur und Wasserstand.

Bacopa monnieri

Kleinblättriges Fettblatt

Fettblätter eignen sich ausgezeichnet als Aquariumpflanzen, obgleich sie als Sumpfgewächse nicht hundertprozentig dazu von der Natur vorgesehen sind. Die Pflanze stammt aus tropischen wie aus subtropischen Regionen. Bevorzugt groben Sandboden und weiches bis mittelhartes Wasser sowie helles Licht. Vermehrung durch Stecklinge. Durch ihre weite Verbreitung sind die Temperaturansprüche recht weit gestreut und reichen von 15 bis 26 ° C. Weitere Art: *B. amplexicaulis*, das großblättrige Fettblatt. Eignet sich nicht so gut zu dauernd untergetauchtem Leben.

Barclaya longifolia

Barclaya

Eine anspruchsvolle, weil empfindliche Schönheit, die aus Gewässern Südostasiens stammt und gern von Schnecken angeknabbert wird. Man soll sie deshalb nur in möglichst weichem und saurem Wasser pflegen, das den Gehäuseträgern allein wegen seiner Kalkarmut nicht sympathisch ist. Die Pflanze erfordert darüber hinaus einen hellen Standort sowie eine gleichmäßig hohe Wärme von 28 ° C. Zweckmäßig ist eine Vermehrung aus Rhizomsprossen. Sie ist nicht einfach zu pflegen.

Bacopa monnieri

Barclaya longifolia (Mitte)

Bolbitis heudelotii

Kongo-Wasserfarn

Die über weite Teile des tropischen Afrikas verbreitete dunkelgrüne Pflanze gedeiht in ihrem natürlichen Lebensraum an Uferhängen in Sprühwasserzonen. Im Aquarium klammert sie sich an Holz. Sie mag keine Enge, nur gemäßigtes Licht und weiches, ruhig strömendes Wasser.

Bolbitis heudelotii

Cabomba aquatica

Wasser-Haarnixe

Cabomba-Arten stammen aus Amerika, wo man sie vom südlichen Nord- über Mittel- bis Südamerika findet. *C. aquatica* ist die begehrteste unter ihnen, doch wird sie meist nicht richtig gehalten und kümmert dahin. Sehr weiches Wasser und sehr viel Licht benötigt die Pflanze und dankt es mit außerordentlicher Pracht. Sie wird durch Stecklinge vermehrt, die man am besten in Pflanzschalen (Lehmbasis mit grobem Sand abgedeckt) in das Aquarium stellt. Gegenüber der Wassertemperatur ist sie nicht so empfindlich: 20–28 ° C. Weitere Arten sind *C. australis, C. caroliniana* und *C. piauhyensis.*

Cabomba caroliniana

Ceratopteris thalictroides
Sumatrafarn oder Unterwasser-Hornfarn

Die Pflanzen können recht unterschiedliche Formen haben: Manche Exemplare sind mit feingegliederten, andere mit großlappigen Blättern ausgestattet. Sie gehören aber alle derselben Art an. Bei hellem Licht und weichem, leicht saurem Wasser sowie bei Temperaturen zwischen 20 und 30° C gedeihen die Gewächse prächtig. Man vermehrt sie durch Tochterpflanzen. Der Sumatrafarn eignet sich auch als Solitärpflanze. Er soll nicht zu tief eingepflanzt werden!

Cryptocoryne walkeri
Walkers Wasserkelch

Eine langsam wachsende Bewohnerin aus Sri Lankas Gewässern. Man setzt die relativ dunkle Pflanze vor einen helleren Hintergrund. Ihre lanzettlichen Blätter werden bis zu 10 cm lang und bis zu 3 cm breit.

Cryptocoryne wendtii
Wendts Wasserkelch

Diese erst 1958 beschriebene Art hat sich schnell die Herzen vieler Aquarianer erobert. Der Gast aus Südostasien wird bis zu 12 cm hoch. Die Blattoberseite ist dunkelgrün, während die Unterseite wesentlich heller gefärbt und rötlich überdeckt ist. Raschwüchsig.

Cryptocoryne walkeri

Cryptocoryne wendtii

Echinodorus amazonicus
Synonym: *E. brevipedicellatus*
Schmalblättrige Amazonas

Schwertpflanzen oder »Amazonas« gehören neben den vorher beschriebenen Cryptocorynen zu den meistbegehrten Aquariumgewächsen. Sie haben sich inzwischen den aquaristischen Verhältnissen sehr gut angepaßt. Ihre Blätter sind meist rauh und hart, so daß die wenigsten Fische sie abfressen. Die Pflanzen wachsen schnell und müssen gelegentlich gedüngt werden (Tabletten). Diese Art wird etwa 30 cm hoch und ist recht langlebig. Man findet sie weit über Brasilien verbreitet. Als Solitärpflanzen geeignet. Wenn die Haltung in Pflanzenschalen bevorzugt wird, kann dem groben Sand ein kräftiger »Schuß« Lehm beigemischt werden. Weiches bis mittelhartes Wasser. Vermehrung durch Ausläufer oder Sproßpflanzen, wenn der Blütentrieb nicht über die Wasseroberfläche hinauswachsen kann.

Echinodorus bleheri
Synonym: *E. paniculatus*
Große Amazonas

Eine der größten Schwertpflanzenarten. Sie wird bis zu 40 cm hoch und ist oft in besonders breitblättriger Form im Handel. Keine überaus großen Ansprüche. Pflege wie bei *E. amazonicus* angegeben.

Echinodorus bolivianus

Bolivianische oder Xingú-Zwergschwertpflanze

Die hier abgebildete Pflanze wird häufig von der Firma Tropica als »var. *xinguensis*« angeboten. Sie bleibt hell, ist kleinbleibend, schnellwüchsig und wahrscheinlich deshalb bei Aquarienfreunden sehr beliebt.

Echinodorus cordifolius
Synonym: *Echinodorus radicans*

Großer Echinodorus

Die Pflanze stammt aus dem mittelamerikanischen Raum und dem südlichen Nordamerika. Ihre eiförmigen Blätter sitzen auf langen Stielen, und die Pflanze wird bis etwa 20 cm hoch. Der große Echinodorus beansprucht weiches Wasser und viel Licht, aber keine zu hohe Temperatur. Sonstige Pflege wie bei der vorgenannten Art angegeben.

Echinodorus opacus

Glanzlose oder Dunkle Schwertpflanze

Die aus dem nördlichen Südamerika stammende Pflanze mit den eirunden, lederartigen dunkelgrünen Blättern wird höchstens 20 cm hoch. Sie wächst nur sehr langsam und ist schlecht zu vermehren, weshalb ihr Preis dem angemessen sein wird. Trotzdem: Ein guter und solitärer Blickfang für den Mittel- bis Vordergrund.

Echinodorus osiris

Rotbraune Amazonas

Diese schöne Schwertpflanze hat in den letzten Jahren viele Freunde gefunden. Sie stammt aus Brasiliens südlichstem Staat, in dem es im südlichen Winter in den Gewässern recht kalt werden kann. Sie wächst in ihrem natürlichen Lebensraum ständig untergetaucht. Die Gültigkeit des Namens wird unterschiedlich bewertet. Möglicherweise hat *E. uruguayensis* Priorität.

Echinodorus bolivianus var. *xinguensis*

Echinodorus osiris

Echinodorus opacus

Eichhornia azurea (Unterwassertrieb)

Eine *Elodea*-Art

Echinodorus schlueteri

Schlueters Schwertpflanze

Ein relativ neuer Name für eine von RATAJ beschriebene Südamerikanerin. Die mittelgroße Pflanze mit den herzförmigen Blättern hat einen gedrungenen Wuchs und wird in einer grünen Standardform und einer Form »Leopard« mit gefleckten Blättern angeboten. Dieser Echinodorus kann durch Adventivpflanzen wie auch durch Samen vermehrt werden. Er ist in größeren Becken auch gut für die Bepflanzung von Vorder- bzw. Mittelgrund geeignet.

Eichhornia azurea

Azurblaue Eichhornie

Diese in größeren Aquarien begehrte Amerikanerin blüht bei Wuchs über Wasser besonders intensiv blau. Pflegt man sie jedoch nur submers (untergetaucht), so wurzelt sie an und bildet völlig andere gefiederte Blätter, die, in zwei gegenüberliegenden Reihen angeordnet, einen außergewöhnlichen Eindruck hinterlassen. Da die Pflanze jedoch das Bestreben hat, sich mit einzelnen Trieben zum Wasserspiegel hochzuarbeiten, muß man diese stets abschneiden, weil sie sich sonst mit ihrem Blattwerk völlig »nach oben« orientiert.

Elodea densa

Argentinische Wasserpest

Die Wasserpest ist eine gute Aquariumpflanze für Anfänger. Wegen ihrer Robustheit und ihres schnellen Wachstums ist sie besonders bei Jugendlichen begehrt. Sie kann sich auch unterschiedlichen Temperaturen anpassen und gilt daher als nahezu unverwüstlich. Die Stecklinge kann man einfach in den Sandboden setzen. Mittelhartes Wasser macht ihr ebensowenig aus wie helles oder gedämpftes Licht sowie kühle oder wärmere Temperaturen (12–28° C). Nicht empfehlenswert für Warmwasserbecken sind die Kanadische und die Chilenische Wasserpest *(E. canadiensis* und *E. callitrichoides)*, die beide bei Temperaturen über 18° C eingehen. Die erste Art ist auch bei uns heimisch und eignet sich gut für Kaltwasseraquarien.

Echinodorus schlueteri

Heteranthera zosterifolia

Seegrasblättriges Trugkölbchen

Eine Bewohnerin brasilianischer und bolivianischer Gewässer, die man meist völlig untergetaucht antrifft. Mit ihrem schönen verzweigten Blattwerk gehört sie zu den dekorativen, aber nicht anspruchslosen Gewächsen. Schafft man dieser Stengelpflanze jedoch die richtigen Bedingungen – kräftiges Licht und Ernährung mit Unterstützung von CO_2 – so kann sie wuchern und muß dann von Zeit zu Zeit zurückgeschnitten werden. Letztes ist auch notwendig, wenn der Pflanzenteppich niedrig gehalten werden soll.

Hydrocotyle leucocephala

Brasilianischer Wassernabel

Die aus Südamerika stammende Pflanze kann in manchen Aquarien stark wuchern, denn sie strebt zur Wasseroberfläche. Ist sie dort flutend angelangt, bildet sie Schwimmblätter aus, benötigt dann aber viel Licht. Der Wassernabel zeigt sein attraktives Aussehen am besten, wenn man ihn in den Boden pflanzt und vor einem dunklen Hintergrund (Wurzelstück) plaziert. Er muß dann jedoch ein- bis zweimal pro Woche zurückgeschnitten werden.

Heteranthera zosterifolia

Hydrocotyle leucocephala

Hydrocotyle vulgaris

Hydrocotyle corymbosa

Hydrocotyle vulgaris

Gewöhnlicher Wassernabel

Trotz ihrer Verbreitung in Europa und einigen außerhalb gelegenen Mittelmeerländern vertragen die Pflanzen wärmeres Wasser und bilden im nicht übermäßig geheizten Tropenaquarium schöne und relativ niedrigwüchsige Gruppen, die sich auch zur Plazierung im Vordergrund eignen.

Hygrophila corymbosa
Synonym: *Nomaphila stricta*

Riesenwasserfreund

Ein dekoratives Gewächs für die Hintergrundbepflanzung in großen Becken, dessen Blätter gern von Schnecken angeknabbert werden. Deshalb ist sie im Weichwasser weniger von den Gehäuseträgern befallen. Man nennt sie zwar »Stengelpflanze«, doch kann man ihre Triebe nicht mit anderen brüchigen Stengelpflanzenarten vergleichen. Die Pflanze braucht kräftiges Licht! Sie kann dann bis hoch zur Wasseroberfläche wachsen.

Limnophila aquatica

Lobelia cardinalis

Kardinalslobelie

Sie ist grün und nicht rot, wie ihr Name vielleicht vermuten ließe, und gehört zu den anspruchsloseren Arten. Rot sind ihre Blüten. Das in Nordamerika beheimatete Gewächs liebt keine zu warmen Temperaturen (maximal 24° C) und kein allzu weiches Wasser, dafür aber eine sehr helle Beleuchtung. Bodengrund mit Lehmzusatz ist angebracht. Die Kardinalslobelie wird durch Stecklinge vermehrt.

Hygrophila difformis
Synonym: *Synnema triflorum*

Indischer Wasserwedel

Diese Pflanze hat noch keine allzulange aquaristische Vergangenheit, konnte sich aber dank ihrer Schnellwüchsigkeit und Anspruchslosigkeit relativ rasch durchsetzen. Als Bodengrund genügt ihr schon ein reiner Sandboden; jedoch benötigt sie helles Licht und weiches Wasser. Ihre Temperaturansprüche liegen bei 22–28° C, die Vermehrung geschieht im allgemeinen durch Stecklinge. Für den Unkundigen hat sie eine gewisse Ähnlichkeit mit der *Ceratopteris*, doch sind ihre Wedel wesentlich kompakter und auch größer. Die einzelnen Blattwedel können eine Länge von über 10 cm erreichen. Die Pflanze selbst wird unter günstigen Bedingungen etwa 50 cm hoch; wer will, darf die Spitzen aber auch hin und wieder zurechtstutzen. Heimat: Indien und Südostasien.

Lobelia cardinalis

Hygrophila difformis

Limnophila aquatica

Riesensumpffreund

Eine in Indien, Sri Lanka und in Gebieten Südostasiens vorkommende feinfiedrige Pflanze. Sie hat ihren natürlichen Lebensraum in flachen, oft sumpfigen Gewässern (Name) und Reisfeldern. Größe, Durchmesser und allgemeines Aussehen der Pflanzen sind sehr von verschiedenen Umweltfaktoren abhängig. Im Aquarium benötigen die dicht beblätterten Quirle viel Raum, so daß sie sich gut für den Einsatz in hellen (!), weiten hinteren Beckenpartien eignen. Wenn das Milieu stimmt und der Bestand sehr dicht steht, können sich die Stengelpflanzen insofern vermehren, als sie ausläuferähnliche Seitentriebe entwickeln, die nahe dem Boden wieder ein- und darauf wieder aufrecht wachsen.

Microsorum pteropus

Ludwigia natans

Schwimmende Ludwigie

Der Pflegling aus dem subtropischen Amerika ist in den letzten Jahren etwas in den Hintergrund getreten und mußte besser geeigneten Arten im Tropenaquarium Platz machen. Durch die schön gefärbten Blätter (Oberseite braungrün, Unterseite rotviolett) hebt sie sich zwar dekorativ aus der Bepflanzung hervor; aber leider verträgt das Gewächs nur eine Wasserwärme von maximal 25 ° C. Sie wird durch Stecklinge vermehrt und benötigt helles Licht. Kein weiches Wasser erforderlich.

Lysimachia nummularia

Pfennigkraut

Eine Pflanze, die in Europa, dem westlichen Amerika und auch in Japan beheimatet ist, wo man sie

Nymphaea lotus, rote Form

in Gräben und an sumpfigen Uferzonen größerer Wasserläufe antrifft. Sie wird kaum größer als 20 cm und ist mehrjährig.

Microsorum pteropus

Javafarn

Der schon unter verschiedenen Namen bekannt gewordene Javafarn hat einen großen Eroberungszug durch die Aquarien angetreten. Das anspruchslose Gewächs wurzelt nicht fest ein, sondern verankert seine Haltewurzeln entweder lose im Kies oder (was schöner aussieht) in den feinen Schlitzen von dekoriertem Wurzelholz. Die Pflanze darf nicht in zu weichem Wasser gehalten werden! Sie benötigt Temperaturen von 20–28 ° C und mäßiges bis mittelhelles Licht. Die Vermehrung erfolgt durch Tochterpflanzen. Seine größte Höhe erreicht der Javafarn mit 30 cm. Meist jedoch bleiben die Pflanzen kleiner.

Nymphaea lotus

Roter und Tigerlotus

Unter diesen Namen werden im aquaristischen Handel verschiedene Zuchtformen dieses interessanten Gewächses angeboten, dessen Artzugehörigkeit nicht einheitlich anerkannt ist. Die relativ anspruchslose Pflanze zieht man aus Knollen, aus denen bei Wachstumsbeginn viele dünne Stiele mit Schwimmblättern austreten, die schnell in Richtung Wasseroberfläche streben. Man muß sie abschneiden, will man die Kraft der Knolle für die bald folgenden schönen Unterwasserblätter schonen! Soll dieses Blattwerk gut gedeihen, benötigt es viel Licht. Mit ihren bis zu 15 cm großen und leicht gewellten Blattspreiten beansprucht diese Solitärpflanze einen Raum von etwa 20 x 25 cm.

Lysimachia nummularia

Nymphoides aquatica
Unterwasserbanane

Die Pflanze verdankt ihren deutschen Namen ihren Wurzelbüscheln, die an eine Bananenstaude erinnern. Ihre Heimat ist das östliche Nordamerika. Entsprechend sind ihre Temperaturwünsche: Nicht über 15–22° C! Die in flachen Gewässern ihrer Heimat lebende Unterwasserbanane braucht ein sehr helles Licht, dazu weiches und leicht saures Wasser. Im allgemeinen treibt die Pflanze frei im Wasser, doch erweist es sich für den Gesamteindruck im Aquarium meist als vorteilhaft, wenn man die Spitzen der Wurzeln einpflanzt, um sie so an einer Stelle zu halten.

Nymphoides aquatica

Pistia stratiotes
Muschelblume

Die sehr schöne und relativ klein bleibende Schwimmpflanze stellt einige Ansprüche an den Aquarianer und ihren Wohnraum. Die hochstehenden Blätter vertragen keine Abdeckscheibe, es sei denn, der Wasserstand ist entsprechend niedriger. Sie sind sehr lichthungrig. Weiches Wasser und eine tropische Wasser- und Oberflächentemperatur (20–30° C) ergänzen die Ansprüche. Die Pflanzenwurzeln hängen büschelweise ins Aquarium hinein, was dem Beckeninneren ein besonders »wildes«, natürliches Aussehen gibt. Die nach unten spitz zulaufenden blaßgrünen Blätter können eine Höhe zwischen 5 und 15 cm erreichen, so daß diese Pflanze also nur für entsprechend große Becken geeignet ist.

Rotala rotundifolia

Rotala rotundifolia
Rundblättrige Rotala

Neben ihrer attraktiven, aber leider etwas sehr lichtbedürftigen Verwandten *R. macrandra* hat sich diese Asiatin (von Assam bis Thailand) in den letzten Jahren einen ständigen Platz in Aquarien der Pflanzenfreunde erobern können. Die Stengelpflanze kann bis zu 60 cm hoch wachsen und muß daher in niedrigeren Becken häufiger zurückgeschnitten werden. Sie mag kein zu hartes Wasser, liebt aber auch kräftiges Licht.

Sagittaria platyphylla
Breitblättriges Pfeilkraut

Sagittarien gehören zu den weitverbreiteten Aquarienpflanzen, die aus gemäßigten Zonen stammen und entsprechend widerstandsfähig sind. Die hier genannte Art wird bis zu 30 cm hoch und ist demnach für hintere Beckenregionen geeignet. Sie gedeiht in mittelhartem Wasser und benötigt kein besonders helles Licht. Heimat ist das südöstliche Nordamerika.

Shinnersia rivularis

Shinnersia rivularis
Synonym: *Trichocoronis r.*

Mexikanisches Eichenblatt

Eine Stengelpflanze, die seit einigen Jahren im Handel ist. Sie stammt aus dem Süden Mexikos und ist bei kräftiger Beleuchtung überaus schnellwüchsig, so daß man sie alle paar Tage zurückschneiden muß und mit den erhaltenen Trieben vermehren kann. Problemlos zu kultivieren.

Vallisneria gigantea

Riesenvallisnerie

Die ursprünglich aus Neuguinea und den Philippinen stammende anspruchslose Pflanze ist nur für den Einsatz in großen Becken geeignet; aber auch hier werden ihre schmalen Blätter noch so lang, daß sie an der Wasseroberfläche fluten und man sie von Zeit zu Zeit zurückschneiden muß.

Vallisneria spiralis

Sumpfschraube

Diese anspruchslosen Gewächse kennen »alte Hasen« ebenso wie Anfänger. Länge bis zu 60 cm. Die Pflanze zählt meist zu den ersten Bewohnerinnen neueingerichteter Aquarien. Sie ist weltweit in tropischen und subtropischen Gebieten beheimatet. Häufiger wird die Art *V. asiatica* als »Schrauben-Vallisnerie« angeboten (Foto). Letztere hat gewundenere Blätter als die erste. Haltung einfach im Sandboden (Lehmzusatz vorteilhaft); mittelhartes Wasser genügt. Die Pflanze benötigt helles Licht und eine Wassertemperatur, die zwischen 12 und 30° C liegen kann. Gelegentlich wird die Sumpfschraube mit einer Sagittarienart *(Sagittaria subulata)* verwechselt.

Vallisneria gigantea,
beschnittenes Wurzelwerk

Vallisneria spiralis

Vesicularia dubyana

Javamoos

Bei diesem »Material« haben wir Aquarianer es mit einer der schönsten Dekorationspflanzen zu tun. Das Moos läßt sich um Wurzelenden schlingen oder unter Steine klemmen. Es beweist dabei auch seine Qualität als Laichschutz. Praktisch gedeiht das Moos in (fast) jedem Wasser unter normalen tropischen Bedingungen. Die polsterbildende Pflanze vermehrt sich unaufhörlich, so daß man lediglich ein Stück des Polsters abzunehmen braucht, um eine neue Pflanze zu erhalten. Die von Indien bis zu den Sundainseln über ganz Südostasien verbreitete Art hat sehr kleine, nur 1 mm lange Blättchen und ist in der Lage, ihre Wuchsform je nach Umweltbedingungen zu variieren. Vom Händler ist das Moos meist schon in kleine Plastikbeutel mit etwas Wasserzusatz abgepackt.

Algen

Direkte Sonnenbestrahlung hat, wie schon erwähnt, eine starke Algenbildung zur Folge. Gewiß sind Grünalgen gute Sauerstofferzeuger. Vielen Wassertieren dienen Algen sowie die in den Algenrasen lebenden Kleinsttiere der Mikroorganismen als Nahrung; zu starker Algenwuchs ist aber eine Gefahr in erster Linie für die höheren Wasserpflanzen.
Deshalb ist für das Aquarium ein Platz nahe dem Fenster verpönt. Die Menge des eingestrahlten Lichts sowie seine Intensität sind nicht lenkbar. Eine gute Abdeckleuchte ist für Fische und Pflanzen insofern besser, als das Licht dann nicht von der Seite einstrahlt, was ohnehin unnatürlich ist.
Fische in »Normalstellung« wenden bekanntlich den Rücken zum Licht, das ja in der Natur immer von oben kommt. Das Nervensystem im Fischkopf gerät ganz durcheinander, wenn dieses Licht nicht mehr hauptsächlich von oben her in das Aquarium einfällt. Da Fische ja, bedingt durch die Schwimmblase, im Wasser praktisch schwerelos sind, dient das Licht ihnen gleichzeitig als Schwerelot.
Jeder Fisch besitzt in seinem Kopf das sogenannte Gehörsteinchen. Bei Lichteinfall von oben liegt es parallel zur Körperlängsachse, und der Fisch schwimmt in Normalstellung. Kommt das Licht nun plötzlich aus schräger Richtung, so ist das Lichtlot verschoben, und der optische Anteil dieses Gleichgewichtsregulators steuert den Fisch mit dem Rücken in diese Richtung. Da aber andere Daten dem Fisch die ursprüngliche Schwimmweise als richtig angeben, versucht er eine »Kompromiß-Schwimmhaltung«. Weil das alle Fische im Aquarium tun, entsteht für den Betrachter ein völlig irreguläres Bild.
Mit einer Beleuchtung von oben ist für die Fische nicht nur ihre natürliche Schwimmhaltung gewährleistet, sondern auch dafür gesorgt, daß die Pflanzen ihre Blätter natürlich – dem Licht von oben entsprechend – stellen. Die Veralgung der Scheiben bleibt in Grenzen. Es sei hier gleich noch darauf hingewiesen, daß Schnecken, einige Welse und Saugschmerlen starke Algenverzehrer sind. Kräftiger Algenwuchs kann aber nicht nur mit solchen lebenden Mitbewohnern bekämpft werden. Wo sie überhandnimmt, muß sie mit den bereits erwähnten Wasserverbesserungen, mit veränderter Lichtfarbe oder schließlich notfalls auch mit entsprechenden Präparaten auf chemischem Wege beseitigt werden.
Besonders an der vorderen Sichtscheibe wird immer einmal irgendeine Veralgung stören. Sie kann mit einem neuartigen Doppel-Klingenreiniger leicht entfernt werden (siehe die Abbildung »Zubehör«). Hat das Becken mehrere Glasseiten, kann man jene, durch die kein Einblick erfolgen soll, ungereinigt lassen.
Fadenalgen, die lediglich durch nicht gründlich gereinigte Wasserpflanzen eingeschleppt werden, verhindern zwar das Wachstum von Grünalgen, entziehen jedoch den Wasserpflanzen beträchtliche Mengen Nährstoffe. Man sollte sie deshalb mit einem aufgerauhten Holzstäbchen entfernen, auf den die Fadenalgen aufgewickelt werden. Eine restlose Beseitigung ist nur durch Neueinrichtung des Beckens möglich.
Braun- oder Kieselalgen sind immer die Folge bei zu dunkel stehenden Behältern und gehen bei besseren Lichtverhältnissen, evtl. künstlicher Beleuchtung, von selbst zurück.
Die gefährlichen und übelriechenden Blaualgen deuten auf schlechte Wasserverhältnisse (Kunstfutterreste, Gärungsprozesse) hin und sind durch Verringerung der Wasserhärte, Absaugen des Mulms oder unter Umständen sogar durch eine komplette Neueinrichtung des Beckens zu beseitigen.
Auch sonstige Trübungen des Wassers weisen auf Verwesungserscheinungen hin, die durch Absaugen der Verwesungsstoffe bzw. Ersatz der schwarzen Bodenschicht beseitigt werden müssen. Bei neu eingerichteten Becken tritt häufig eine Wassertrübung auf, die durch Massenvermehrung bestimmter Infusorien bedingt ist und den Sauerstoffgehalt des Wassers herabsetzt. Abhilfe erfolgt am einfachsten durch den Einsatz eines UV-Wasserklärers, wie der Fachhandel ihn für die Aquaristik anbietet.
Bevor die Fische eingesetzt werden, empfiehlt sich auch das Einbringen von Wasserflöhen, die mit allen Infusorien aufräumen.

Fische und Schnecken

Für den Anfänger wie auch den fortgeschrittenen Nichtspezialisten ist das Gesellschaftsaquarium immer noch die ideale Behausung für viele unterschiedlich geartete Fische. Es ist hier nicht möglich, die breite Palette der Möglichkeiten anzuführen, die für die Zusammensetzung in einem Gesellschaftsbecken gegeben ist. Nur sollte man bei der Zusammenführung von Zierfischen mit unterschiedlichen Ansprüchen daran denken, daß nicht jeder Fisch, der nach dem Geschmack seines möglichen Pflegers als »schön« zu bezeichnen wäre, auch ebenso friedfertig ist wie ein anderer, der ebenfalls schön bunt gefärbt ist und einen positiven Eindruck hinterläßt. Es gibt in der Natur Jäger und Gejagte, Vorsicht also! »Fragen Sie Ihren Fachhändler!« heißt es in vielen Broschüren. Bitte tun Sie das wirklich, denn es könnte viel Ärger und Kummer bereiten, wenn die ersten Versuche, die Partner in einem künftigen Gesellschaftsaquarium zusammenzuführen, gleich mit negativen Aspekten endeten. Es gibt räuberisch lebende Arten oder Vertreter bestimmter Gruppierungen, die man als Individualisten bezeichnen muß. Sie sind wie jene Menschen, die immer mit irgendwelchen Nachbarn im Streit leben. Meist sind diese Fische aber die Stärkeren und sorgen dann in einem Aquarium für ständigen Streß, nur nicht für ein friedliches Miteinander.

Oben links: *Paracheirodon innesi;* oben rechts: *Danio pathirana*
Mitte links: *Botia morleti,* diesmal mit zusätzlicher Vertikalmusterung
Mitte rechts: *Synodontis granulosus;* unten links: *Pterolebias peruensis*
unten rechts: *Aulonocara hansbaenschi*

Die Beckenbesetzung

Schauen wir uns einmal die meisten der Durchschnittsaquarien an. In vielen Fällen werden Zierfische ohne System eingekauft – lediglich nach persönlichem Geschmack und Gutdünken. Das kann gutgehen; aber gelegentlich sterben einige Tiere, und man fragt sich warum. Äußere Anzeichen einer Krankheit sind nicht erkennbar. In dem Fall liegt die Fehlerquelle möglicherweise in der falschen Zusammensetzung: Etwa wenn man von Schwarmfischen nur ein »Pärchen« einsetzt; oder wenn man junge, räuberische Fische einkauft, die sich mit wachsendem Alter ihren Mitbewohnern gegenüber immer schlechter benehmen und sie lebensgefährlich verletzen können.

Ähnliches kann mit vielen Buntbarscharten passieren, denen ein ausgeprägtes Revierverhalten angeboren ist: Mit zunehmender Größe geben sie diesem Trieb nach und verjagen andere Fische aus dem einmal besetzten Revier. Bei der räumlichen Enge und bei der Kraft, die diese Cichliden entwickeln, kann die Jagd für die übrigen Mitbewohner tödlich ausgehen.

Was kann man nun gegen diese Fehler tun? Studieren Sie alle zur Verfügung stehenden Beschreibungen für die Art oder Gattung, an deren Anschaffung Sie interessiert sind. Sie finden fast immer entsprechende Hinweise darüber, ob sich diese Fische gut in ein Gesellschaftsbecken geben lassen oder ob man sie besser in einem Artenbecken pflegt.

Eine weitere, sehr reizvolle Art, Fische eines besonderen Landstrichs zu pflegen, ist die Einrichtung eines sogenannten Biotop-Aquariums. Ein solches Becken enthält nur Pflanzen und Fische einer bestimmten Region, und die Besitzer sind meist pedantisch darauf bedacht, daß nur ja kein Pflänzchen aus einem anderen Biotop in ihr Becken kommt.

Beispiele für Biotop-Aquarien gibt es genug. Betrachten wir einmal ein Schmerlenbecken: Es stellt den Unterwassergarten eines südostasiatischen Bachlaufes dar, in dem die meisten der Schmerlen leben. Dieser Biotop wird mit flachen Steinplatten sowie mittleren und kleineren Kieseln ausgestattet. Eine bizarre Moorkienholzwurzel ragt naturgetreu in das Aquarium hinein.

Einzelne oder gruppenweise eingesetzte Pflanzen (meist Cryptocorynen) säumen die Ränder. Das klare, schnellströmende Wasser (kräftigen Filter verwenden) ist hell beleuchtet. Zu den Schmerlen (erfragen Sie bei Ihrem Händler die Größe der ausgewachsenen Aquarientiere, damit Sie keine späteren Riesen einkaufen), kann man einen kleinen Barbenschwarm gesellen. Dadurch werden die mittleren und oberen Wasserzonen belebt.

Nach Möglichkeit soll man Pflanzen und Fischen unabhängig voneinander eine Zeit zur Eingewöhnung lassen. Das gilt vor allem für die Pflanzen, die ja erst einmal einwachsen müssen, bevor sie sich mit den Fischen arrangieren.

Als reines Anfängerbecken wird man nur in Ausnahmefällen ein Artenaquarium wählen. Ein aquaristischer Anfänger wird ja zuerst einmal die Grundbegriffe erlernen wollen, ehe er sich spezialisiert.

Meist werden für den Anfang Guppys, Helleries und Platys genommen. Eventuell kann man noch zu diesen ebenso harten wie bunten Fischen einen Skalar kaufen. Er wird allerdings später, wenn die Lebendgebärenden Junge bekommen, einen großen Teil davon verspeisen, weshalb sein Einsatz von vornherein fragwürdig ist.

Viele Anfänger machen immer wieder den Fehler, daß sie zuviel am Becken und mit den Fischen herumhantieren. Gerade ein frisch eingerichtetes Becken benötigt Ruhe, damit sich das Aquariumleben erst einmal einspielen und regulieren kann. Das geschieht nicht in zwei bis drei Tagen! Nichts ist für die gesamte Funktion schädlicher als Eile, und wer die Hektik unserer Zeit auf sein Aquarium übertragen möchte, ist falsch beraten und sollte lieber einem anderen Hobby nachgehen.

Schmetterlingsfische

In der Familie Pantodontidae gibt es nur eine Art, den afrikanischen Schmetterlingsfisch *Pantodon buchholzi*. Er ist aquaristisch ein alter Bekannter, wurde die Art doch bereits 1877 von PETERS beschrieben und Anfang des Jahrhunderts zum ersten Mal nach Deutschland eingeführt.
Die kaum mehr als 12 cm langen Oberflächenfische haben eine weite Verbreitung von unteren Einzug des Niger und dem Tschadsee über Kamerun, Gabun, und Teile des Zairebeckens bis zum Oberlauf des Sambesi.
Im natürlichen Biotop ernähren sich die Fische in der Hauptsache von Anfluginsekten und deren an der Oberfläche lebenden Larven. Im Aquarium nehmen sie auch grobere, bevorzugt fleischliche Ersatznahrung in Form von Mükkenlarven, großen Wasserflöhen und selbst kleineren Regenwürmern. Diese Nahrung nehmen die Fische allerdings am liebsten von der Oberfläche, denn ihr tiefgezogenes, schräg nach oben gerichtetes Maul erschwert die Nahrungsaufnahme vom Boden. Aus diesem Grund kann es bei den Fischen im Gesellschaftsaquarium zu Problemen bei der Futteraufnahme kommen, wenn andere schnellere Fische ihnen die besten Brocken vor dem Maul fortschnappen.
Die Wassertemperatur soll mit 25 bis 30° C nicht zu kühl sein, die Gesamthärte nicht über 12° dH hinausreichen und der pH-Wert leicht im sauren Bereich liegen.
Geschlechtsunterschiede lassen sich bei erwachsenen Tieren an der Form der Afterflosse feststellen: Bei Weibchen ist sie normal ausgezogen und leicht einwärts gebogen, bei Männchen am hinteren oberen Rand deutlich eingekerbt. Es hat bereits verschiedentlich Nachzuchten gegeben; die abgegebenen Eier steigen zur Oberfläche auf.

Schmetterlingsfisch *Pantodon buchholzi*

Pantodon buchholzi

Nilhechte oder Rüsselfische

Wer kennt sie nicht, die »Rüsselfische« aus Afrika, von denen allerdings bei weitem nicht alle mit diesem rüsselartigen Tast- und Orientierungsorgan ausgestattet sind. Da aber die Mitglieder dieser großen und artenreichen Familie sich aus 18 Gattungen und beinahe 200 Arten zusammensetzen, ist es selbst bestens informierten Aquarianern nicht möglich, Vertreter aller Gattungen und Arten zu kennen.

Fragen wir einen Aquarianer nach der bekanntesten Art dieser Familie, so kann man mit einiger Sicherheit davon ausgehen, daß der Name *Gnathonemus petersii* genannt wird. Bei den Tieren des »Elefantenrüsselfisches« handelt es sich um die Mitglieder derjenigen Art, die mit Abstand am häufigsten zur Pflege im Aquarium eingeführt wird.

Mormyriden oder Nilhechte leben ausschließlich im tropischen Afrika. Ihr Körper ist schlank und grau bis erdfarben. Auffällig der meist gestreckte Schwanzstiel, dem eine gegabelte Schwanzflosse folgt. Dieser Schwanzstiel ist der Sitz der elektrischen Ortungsorgane, mit deren Hilfe es den oft in Gruppen oder im Schwarm lebenden Fischen möglich ist, auch bei Dunkelheit oder in Gewässern, in denen das Sehen erschwert ist, untereinander zu kommunizieren. Die Funktion dieses »Fischradars« geschieht in einer schnell aufeinander folgenden, etwa 200fachen elektrischen Entladung je Minute. In dem so geschaffenen elektrischen Feld werden Störungen mit Hilfe weiterer Sinnesorgane wahrgenommen, die sich im Kopf der Tiere befinden.

Das auffälligste optische (sekundäre) Merkmal dürfte die Form des Kopfes sein, ob er nun mit einem kurzen oder langen Rüssel, nur einem Stummel, einer lang vorgezogenen Schnauze oder lediglich einer verdickten Kinnpartie ausgestattet ist. Zweifellos dient dieser Zusatz zum normalen Maul dem Nahrungserwerb im weichen bzw. schlammigen Boden der Lebensräume. Die kleine Maulöffnung erlaubt allerdings nur die Aufnahme von Kleinnahrung bis zu einer bestimmten Größe. Soweit ich fest-

Zwei Nilhechte mit und ohne Rüssel: oben der Rüsselträger *Campylomormyrus cassaicus* und unten der gestrecktere rüssellose *Mormyrus caballus*

Die Salmlerverwandten

gestellt habe, nehmen Mormyriden im Aquarium ausschließlich fleischliche Nahrung – auch tiefgekühlte nach dem Auftauen – wie Tubifex und Mückenlarven. Die Tiere sind zwar gesellig und als Schwarmfische bekannt *(Gnathonemus, Campylomormyrus, Petrocephalus),* aber es gibt auch Tiere, die allein auf Jagd gehen, wie etwa der über weite Gebiete Afrikas verbreitete und bis zu 150 (!) cm lang werdende *Mormyrops deliciosus.* Fische dieser Art stehen – auch im Aquarium – meist zwischen Pflanzen oder sind in ihrem natürlichen Lebensraum unter Laub verborgen und bauen ein elektrisches Feld um sich auf. Andere *Mormyrus-* und *Mormyrops*-Arten bilden Paargruppen und sind dann aggressiv. Bei Tieren der Gattung *Marcusenius* kann man auch Aggressivität feststellen, die von Tieren eines ganzen Schwarmes ausgeht.
Mormyriden sind in der Lage, in jeder denkbaren Position zu schwimmen, also auch rückwärts oder mit dem Bauch nach oben. Die letzte Schwimmweise stellt sich dann ein, wenn man die Wasseroberfläche mit Schwimmpflanzen abdeckt, etwa, um damit den Lichteinfall zu reduzieren. Die Fische erkunden dann auch diesen Teil der Pflanzenwelt.
Es wäre unsinnig, hier von den weiteren Gattungen und Arten Namen anzuführen. Die beigegebenen Fotos zeigen Mormyriden mit und ohne Rüssel.

Salmlerverwandte aus Afrika und Amerika leben in fast allen tropischen und subtropischen Gebieten. Im südamerikanischen Raum, besonders in dem riesigen Amazonasbecken, findet sich die größte Menge der beliebten Aquarienfische aus dieser Familie. Vor allem die »Tetras«, also Vertreter der Gattungen *Paracheirodon, Hemigrammus* und *Hyphessobrycon.*
Die Salmler haben keine gemeinsamen äußeren Merkmale. Es gibt lange und gestreckte, scheibenförmige, andere mit kurzem, gedrungenem Körper, langköpfige Arten und solche mit hohem Rücken. Sie sind wegen ihres Formenreichtums noch einmal in enger begrenzte Familien unterteilt. Die unterschiedliche Kopf- und Maulform läßt auf die Lebens- und Ernährungsweise schließen. Salmler aller Arten besitzen Zähne. Bei den räuberisch lebenden Sägesalmlern (Piraya oder Piranha) haben sie die Form einer kräftig gezackten Säge, wobei Ober- und Unterkieferzähne ineinandergreifen. Bei anderen, wie etwa den großen afrikanischen Tigersalmlern, können die Zähne so lang sein, daß die Tiere Mühe haben, ihr Maul zu schließen. Die meisten Species haben eine kleine Fettflosse, die zwischen Rücken- und Schwanzflosse sitzt.
Nur wenn die Haltungsbedingungen gut beachtet werden, zeigen die Fische ihre schönsten Farben.

Salmler benötigen meist weiches und leicht saures Wasser. Sie sind Schwarmfische. Wer sich im Geschäft ein »Pärchen« kauft, darf sich nicht wundern, wenn die Fische außerhalb des Schwarmes je nach Temperament entweder vereinsamt verkümmern oder zu rüpelhaften Einzelgängern werden.
In ihrer Heimat leben die Salmler meist in ruhig fließendem oder stehendem Wasser, das reich mit Pflanzen bewachsen ist. Wurzeln, manchmal auch umgestürzte Bäume, bieten Versteckmöglichkeiten. Das Futterangebot in der Natur hat die Fische nicht allzu wählerisch gemacht, so daß sie meist gierig alles fressen, was ihnen der Pfleger im Aquarium anbietet. Er hat aber im Zeitalter der Tiefkühlkost auch die Möglichkeit, seinen Fischen Appetithappen in Form verschiedener Mückenlarvenarten, Cyclops usw. anzubieten. Nur faule Aquarianer werden ihren Fischen das verweigern, was sie selber bevorzugen: abwechslungsreiche Ernährung.
Die Nachzucht der Salmler erfordert Erfahrung und Kenntnisse der biologischen und wasserchemischen Zusammenhänge.
Die Mehrzahl der Salmler laicht frei im Becken ab, das heißt, sie haben das Interesse an ihrer Nachkommenschaft gleich nach dem Laichprozeß verloren und führen keine Brutpflege aus!
Darum muß das Zuchtbecken so angelegt sein, daß die Eier in

Sicherheit sind. Man fertigt dazu Laichroste an, die auf den Boden des Zuchtbeckens gelegt werden. Die Eier fallen hindurch und sind dann für die Elterntiere, die sie möglicherweise gern verspeisen möchten, nicht mehr erreichbar.

Sägesalmler

In der Familie der Salmler nehmen die Sägesalmler einen großen Raum ein. Oft werden grausige Geschichten von den Fischen erzählt, die im Volksmund pauschal als Piranha oder Piraya bezeichnet werden. Ihr sehr kräftiges Gebiß mit den meist beachtlich scharfen Zähnen kennzeichnet sie als Raubfische. Sägesalmler, die durchaus in der Lage sind, die sagenhaften Skelettierungen von Großsäugern oder sogar Menschen durchzuführen, braucht der Reisende, der südamerikanische Flüsse befährt, jedoch weniger zu fürchten als z. B. den Stachelrochen, der mit seinem abwehrenden Stachel unter dem Laub versteckt liegt. Wir kennen unter den Sägesalmlern vier Arten aus der berüchtigten Salmlergruppe, die den schlechten Ruf dieser Tiere rechtfertigen. Es ist erstens der Piranha *(Serrasalmus nattereri),* zweitens der Piraya *(Serrasalmus piraya).* Weitere gefürchtete Arten sind der Schwarze Piranha *(Serrasalmus niger)* wie auch der Gefleckte Sägesalmler *(Serrasalmus rhombeus).*

In der Natur treten die Tiere meist im Schwarm auf. Im Aquarium hingegen kann die Haltung eines Schwarmes Schwierigkeiten machen, wenn einige besonders aggressive Tiere darunter sind, die ihre Mitbewohner (Haltung kann nur im Artenbecken erfolgen!) verletzen, und wenn durch das Bluten verletzter Tiere der Schwarm in kannibalischen Rausch verfällt. In diesem Zustand der Erregung greifen die Fische alles an, was sich um sie herum bewegt. So kann in kürzester Zeit von dem Schwarm nur eine kleine Gruppe starker Tiere übrigbleiben.

Halbwüchsige Sägesalmler, wahrscheinlich *Serrasalmus nattereri*

Ein Piraya-Becken richtet man mit einer Rückwand aus glatten Steinen ein. Dieses Dekorationsmaterial darf keine kalkhaltigen Substanzen an das Aquarienwasser abgeben. Dazu kommen Wurzeln und – wenn überhaupt – einige sehr harte Pflanzen. Gut bewährt hat sich das Einbringen von Javamoos.

Das Beckenwasser soll weich und leicht sauer sein (bis 8 ° dH), das Licht im Aquarium gedämpft. Die Tiere benötigen ausreichenden Schwimmraum! Ihr Futter besteht aus Tubifex und Mückenlarven bei kleineren Exemplaren, bei großen Tieren aus Fischen und Fischfleisch, Magerfleisch von Warmblütern (Herz) und Regenwürmern. Die Temperatur in mittleren Wasserschichten kann sich zwischen 24 und 28 ° C bewegen.

Amerikanische Echte Salmler

Moenkhausia-Arten zählen zu den bekanntesten Aquariumfischen. Wir kennen den Schwanztupfensalmler *(M. oligolepis),* den Brillantsalmler *(M. pittieri)* und die Rotaugen-Moenkhausia *(M. sanc-*

Moenkhausia pittieri

Moenkhausia sanctaefilomenae

Gymnocorymbus ternetzi

taefilomenae). Die Tiere stammen aus Südamerika. Der Schwanztupfensalmler, die größte der drei Arten, wird bis zu 12 cm lang und seltener in Aquarien gepflegt als die beiden anderen Arten, die nur halb so groß werden.
Die lebhaften Schwarmfische sind friedlich und lassen sich gut vergesellschaften. Alle sind mit einer Fettflosse versehen. An das Aquariumwasser stellen sie keine großen Ansprüche. Zweckmäßig ist natürlich ein weiches Wasser, das eine Härte bis zu 10° dH hat, doch zeigen die Fische auch in 5–6° härterem Wasser keine Spuren von Unbehagen. Bei Temperaturen um 22–26° C bieten wir ihnen außerdem die richtigen Wärmegrade; ein leichtes Ansäuern des Aquariumwassers (Filterung über Torf), das den pH-Wert auf ca. 6,5 bringt, ist sehr zu empfehlen.
Die Allesfresser mit den großen Schuppen lieben reichlich bepflanzte Becken. Die Pflanzen sollen nicht zu zart sein, da die Tiere sonst gern davon naschen. Einige Verstecke (am besten bizarre Wurzeln) sind ebenso unerläßlich wie ausreichender freier Schwimmraum.
Werden die Fische gut gepflegt, kann man sie auch in ein Zuchtbecken umsetzen. Sie sind Freilaicher, aber auch Laichräuber, was man beachten sollte.
Der Trauermantel-Salmler oder Trauer-Tetra *(Gymnocorymbus ternetzi)* ist scheibenförmig flach und wird bis 5,5 cm lang. Der friedliche Schwarmfisch soll stets zu mehreren Exemplaren gehalten werden. Er läßt sich gut vergesellschaften.
Pristella maxillaris, der Sternflecksalmler, ist ebenfalls ein äußerst lebhafter kleiner Schwarmfisch. Er trägt eine Fettflosse, wird bis zu 5 cm lang und stammt aus dem nordöstlichen Südamerika. Das Aquarium, in dem sich diese Art auch vergesellschaftet pflegen läßt, sollte nur mit einer kräftigen Randbepflanzung ausgestattet sein, welche die Aquariummitte frei läßt. Die Tiere sind beinahe Allesfresser. Synonym: *P. riddlei*. Die Zucht der kleinen Salmler ist möglich. Während der Laichzeit ist die Schwanzflosse der Männchen wesentlich roter gefärbt als die des Weibchens. Die Ansprüche an die Wasser- und Temperaturwerte entsprechen denen der vorgenannten Art.

Aphyocharax anisitsi

Aus Argentinien und dem begrenzenden Rio Paraná stammt der Rotflossensalmler *(Aphyocharax anisitsi)*. Die bis zu 6 cm groß werdenden Schwarmfische sind hart und ausdauernd. Man darf sie nicht in zu kleine Becken setzen. Eine ausreichende Bepflanzung ist ebenfalls angeraten. Die friedlichen Fische benötigen ein Wasser von etwa 8–12° dH und Temperaturen zwischen 22 und 28° C, wobei eine gelegentliche Abkühlung bis 18° C nicht schadet. Allesfresser.
Die *Hemigrammus*- und *Hyphessobrycon*-Arten sind hauptsächlich in Südamerika beheimatet. Einige stammen auch aus Mittelamerika. Zu ihnen zählen viele der kleinen Salmler, die in unseren Aquarien schwimmen. Die

meisten haben eine eckige und oft steil hochstehende Rückenflosse, weshalb man sie »Viereckflosser« (Tetragonoterinae) nannte. Noch heute kennt daher jeder Aquarianer viele dieser Arten als »Tetras«. Die bekanntesten beiden Vertreter sind zweifellos der einfache Neonfisch oder Neon-Tetra *(Paracheirodon innesi)* sowie der noch kräftiger gefärbte Rote Neon *(P. axelrodi).*
Im Prinzip gelten für alle diese Arten die gleichen Pflegebedingungen. Wir richten das Becken mit kräftiger Randbepflanzung und ausreichendem Schwimmraum ein. Natürlich sollten Verstecke aus organischem Material (Moorkienholz) nicht fehlen. Je weicher das Wasser, um so besser ist es für die Pfleglinge geeignet. Den meisten macht es aber nichts aus, wenn man sie in leicht angesäuertes Aquariumwasser setzt, mit Härtegraden um 12–16° dH. Ich habe die Fische selbst in 16° hartem Wasser gepflegt: Sie sind darin von kleinsten Importen bis zu recht großen Fischen herangewachsen. Wichtig erscheint jedoch immer wieder, daß man Schwarmfische auch in einem wirklichen Schwarm hält, also mindestens zehn Fische. Da die meisten Salmler recht verträglich sind, kann man den Schwarm auch aus verschiedenen Arten zusammensetzen.
Eine wunderschöne Art wird uns mit dem Kirschflecksalmler *(Hemigrammus erythrostigma)* angeboten. Die kleinen, bis zu 6 cm lang werdenden Fische stammen aus dem zentralen und westlichen Amazonien und wirken selbst in einem stark bewachsenen Becken allein schon durch ihre Leuchtkraft. Die Schwarmfische bilden Reviere. Das Wasser soll weich und leicht sauer sein bei Temperaturen um 26° C. Der Allesfresser verschmäht zusätzliche Grünkost nicht. Die Nachzucht ist nicht einfach und überwiegend abhängig von der Wasserqualität.
Zur gleichen Gattung gehört der Grüne Neon *(H. hyanuary).* Seine Heimat ist der im Amazonasbekken gelegene Hyanuary-See.
Der bis zu 5 cm groß werdende Schwarmfisch liebt dichtbepflanzte Becken, die den Tieren aber noch hinreichenden Schwimmraum lassen. Allzu weiches Wasser ist nicht erforderlich (10 bis 12° dH), wohl aber ein regelmäßiger Teilwasserwechsel. Die Temperaturansprüche der Kleinen liegen zwischen 24 und 26° C. Die Allesfresser lassen sich gut vergesellschaften. Ihre Zucht ist möglich.
Der Rotkopfsalmler *(Petitella georgiae)* lebt in der Gewässern des oberen Amazonas. Seine Größe übersteigt 5 cm nie. Der etwas schwieriger zu pflegende Fisch liebt weiches und leicht saures Wasser bei Temperaturen um 24° C. Über die Nachzucht des Allesfressers ist nichts bekannt.
Wunderschön in seiner roten Färbung ist der Blutsalmler *(Hyphessobrycon callistus).* Es sind sehr schöne und lebhafte Fische, die durch das Umherschwimmen im Schwarm erst richtig zur Geltung kommen. Ähnlich prächtig wirken die Arten Roberts Salmler *(H. »robertsi«)* und Schmucksalmler *(H. ornatus).* Alle Arten sind nicht allzu anspruchsvoll als Pfleglinge, doch ändert sich das, wenn man die Tiere zur Nachzucht bringen will.
Die Geschlechter lassen sich verhältnismäßig leicht unterscheiden. Oft sind die Männchen intensiver gefärbt. Bei ausgewachsenen Fischen sind die weiblichen Tiere meist kräftiger gebaut und leicht rundlich.
Salmler darf man nicht unter schlechten Bedingungen halten. Erst bei bestem Wohlbefinden zeigen sie ihre schönste Färbung. Das Aquarium sollte eine Mindestlänge von 40 cm haben. Die Tiere brauchen möglichst weiches, leicht saures Wasser. Eine ausgewogene Beckeneinrichtung mit verschiedenen Pflanzenarten,

Hyphessobrycon erythrostigma

Astyanax fasciatus jordani

Poptella orbicularis

ausreichendem Schwimmraum, einigen Verstecken und naturgerechter Beleuchtung befriedigen die Ansprüche der Fische.
Auch wenn Salmler sich mit Futter aus der Dose begnügen, sollten wir ihnen doch so oft wie möglich Lebendfutter aller Art anbieten. Die Temperaturansprüche liegen bei 24° C. Ein gelegentlicher Wasserwechsel bekommt den Tieren sichtlich gut.
Eine Besonderheit unter den amerikanischen Salmlern hat sich die Natur mit dem Blinden Höhlensalmler *(Astyanax fasciatus jordani)* einfallen lassen. Heimat dieser Tiere sind die unterirdischen Gewässer im Höhlengebiet des Rio Tampaón im Staat San Luis Potosí in Mexiko. Die bis zu 7 cm groß werdenden Fische lassen sich gut in mittelgroßen Aquarien halten. Den natürlichen Gegebenheiten entsprechend brauchen die Fische einige Partner der gleichen Art, jedoch keine Bepflanzung des Beckens.
Wer den Fischen einen höhlenähnlichen Raum schaffen möchte, der verwende kalkfreies Gestein (Schiefer), dem man zur besseren Raumgliederung einige Wurzelstöcke beifügen kann. Die Wassertemperaturen sollen um 22° C liegen, keinesfalls aber wesentlich höher. Die Zucht der Allesfresser ist nicht schwierig. Der pigmentlose Körper der Höhlensalmler hat eine zartrosa Färbung, über der ein perlmuttfarbener Schimmer liegt.
Der Diskusssalmler *(Poptella orbicularis)* ist im östlichen Südamerika in vielen, zum Atlantik laufenden Flüssen verbreitet, in denen er von Guayana bis Rio Grande do Sul und Paraguay vorkommt. Er wird bis zu stattlichen 12 cm groß. Ein Schwarmfisch für Anfänger, der wegen seiner Friedfertigkeit und Robustheit bescheidenen ersten Erfordernissen gemäß gepflegt werden kann. Becken ab 80 Liter Inhalt werden mit einer Randbepflanzung aus hartem, faserigem Grün (Schwertpflanzen mit breiten Blättern) ausgestattet, so daß in der Beckenmitte noch ausreichender Schwimmraum verbleibt. Der Bodengrund soll nicht zu hell sein, und eine Schwimmpflanzendecke kann das Licht günstig dämpfen. Die Allesfresser vergreifen sich an zarten Pflanzen. Sie mögen weiches bis mittelhartes Wasser und Temperaturen um 24° C.
Der Rote Phantomsalmler *(Megalamphodus sweglesi)* wird etwa 4,5 cm lang. Seine Heimat ist das Amazonasbecken. Da die rote Färbung bei Aquarienfischen sehr beliebt ist, erfreut sich diese Art großer Nachfrage. Die Allesfresser lassen sich gut halten und geben dem Pfleger normalerweise keine Probleme auf.

Afrikanische Echte Salmler

Afrikanische Salmler sind genauso bunt wie ihre südamerikanischen Verwandten, sehen jedoch etwas anders aus, da sie fast alle eine gestreckte Körperform und auffallend große Schuppen aufweisen.
Die bekanntesten unter ihnen sind Arnolds Rotaugensalmler *(Arnoldichthys spilopterus)*, der Kongosalmler *(Phenacogrammus interruptus)*, der Langflossensalmler *(Alestes longipinnis)* und der Grüne Salmler *(Alestes chaperi)*. Sie stammen aus dem tropischen Westafrika. Die Fische werden

unterschiedlich groß. Mit einer Länge von ausgewachsen 14 cm ist der Langflossensalmler der größte. Unter günstigen Umständen (großes Becken) kann es der recht ähnliche Grüne Salmler auf 10 cm bringen, wogegen die langflossigen Kongosalmler-Männchen eine Länge bis zu 8 cm erreichen. Alle Weibchen sind meist kleiner.
Die Einrichtung eines Beckens für afrikanische Salmler kann dem für die Südamerikaner gleichkommen. Der Kongosalmler benötigt reichlich bemessenen Schwimmraum, wenn seine Flossen die gewünschte Länge erreichen sollen. Die Zucht ist möglich, aber nicht einfach.

Phenacogrammus interruptus

Barben- und Engmaulsalmler

Diese Salmler gehören den Familien Curimatidae und Anostomidae an. Zur ersten gehören Gattungen wie *Chilodus, Semaprochilodus* und *Prochilodus*; zur zweiten Gattungen wie *Anostomus, Leporinus* und *Abramites.*
Kopfsteher können kaum nachgezüchtet werden und erreichen eine Größe, die ein Aquarium von mindestens 100 cm Länge erfordert. Die Kopfabwärts-Schwimmweise der Engmaulsalmler hat ihren Grund darin, daß die Fische in ihrem heimatlichen Biotop (Lebensraum) zwischen dichten Pflanzenbeständen leben. Die schmalblättrigen Unterwasserwälder geben ihnen Schutz und Tarnung. Kopfsteher ernähren sich zu gleichen Teilen von pflanzlicher und fleischlicher Kost. Das kleine, genau am Kopfende sitzende Maul ist so gebaut, daß der Fisch damit Algen von den Pflanzen weiden, aber auch kleine Würmer aus dem Boden ziehen kann.
Von den drei hauptsächlich gepflegten Kopfsteherarten ist zweifellos der Prachtkopfsteher *(Anostomus anostomus)* der schönste. Das drückt sich allerdings im Preis aus, zumal die Fische erst ab einer bestimmten Größe importiert werden.
Auch Kopfsteher sind Schwarmfische und sollten nur in Gruppen gepflegt werden. Zweifellos hat sich diese Art in der Natur sehr auf bestimmte Futterarten spezialisiert, denn das Maul der Tiere sitzt nicht mehr an der vordersten Kopfpartie, es ist vielmehr nach oben gestülpt, wobei der Unterkiefer verlängert ist. Um Futter vom Boden zu nehmen, müssen die Fische schon mehr als einen Kopfstand ausführen. Offenbar weiden die Tiere in ihrer natürlichen Heimat die Unterseiten der Pflanzen mit Hilfe ihres leicht oberständigen Mauls ab.
Sehr schön anzuschauen sind die Punktierten Kopfsteher *(Chilodus punctatus),* wenn sie im Schwarm bedächtig durch das Aquarium ziehen. Die Südamerikaner werden nur 7–8 cm groß, doch verlangen sie nach meiner Erfahrung unbedingt ein Becken von mindestens 80 cm Länge. Wird ihnen das Aquarium zu eng, so verlassen sie es nach Möglichkeit, was dann meist ihr Tod ist.
Schwierig ist die Eingewöhnung der Tiere, da ihnen ein Wasserwechsel schlecht bekommt. Die Geschlechter lassen sich nur schwer unterscheiden. Meist haben die Männchen eine etwas längere Rückenflosse. Eingewöhnte Tiere können viele Jahre

Anostomus anostomus, Jungtiere

leben. Die Fische sind recht anspruchslos. Sie sind den Tag über auf der Suche nach Futter, nicht scheu und machen so ihrem Pfleger viel Freude.
Weitere Arten, wie etwa der Brachsensalmler *(Abramites hypselonotus)*, der Gebänderte Kopfsteher *(Leporinus affinis)* oder der Dreipunkt-Kopfsteher *(Anostomus trimaculatus)* werden häufig in Aquarien gehalten. Es ist hierbei oft vorgekommen, daß der in der Jugendform wunderschön aussehende Gebänderte Kopfsteher später den Aquarianern großen Kummer macht. Als einzige Art aus der Reihe der angeführten Fische kann der Leporinus die für aquaristische Verhältnisse beachtliche Größe von reichlich 30 cm erreichen. Dieser fast ausschließlich vegetarisch lebende Fisch zeigt auch weniger Hemmungen als andere Arten, die pflanzliche Beckendekoration zu verspeisen.
Brachsensalmler und Dreipunkt-Kopfsteher erreichen in der Natur Größen von ca. 15 cm.

Chilodus punctatus

Anostomus trimaculatus

Jedoch wachsen sie im Aquarium bei weitem nicht so schnell heran wie der Leporinus. Bei regelmäßiger Zugabe von Salatblättern oder anderem Grünfutter lassen sie auch die damit meist zusammen gepflegten *Echinodorus*-Arten (Schwertpflanzen, siehe die Beschreibung auf Seite 69 und 70) unbehelligt.

Schlanksalmler

Der Familie Lebiasinidae gehören die beiden Unterfamilien Lebiasininae und Pyrrhulininae an. In der zweiten sind die bekannteren Vertreter der Gattungen *Nannostomus, Nannobrycon, Pyrrhulina, Copeina* und *Copella* zusammengefaßt. Einige kennen wir auch als »Halbzähner«.
Viele prächtige und beliebte kleine Aquarienfische kommen aus dieser Familie. Es sind ausschließlich Südamerikaner, darunter auch wieder einige mit recht absonderlicher Schwimmweise. Dies sind die Harrison-Salmler *(Nannostomus harrisoni)*, in den angelsächsischen Ländern auch »Bleistiftfische« genannt.
Schöner noch sind allerdings der Dreibinden-Ziersalmler *(Nannostomus trifasciatus)* und der Einbinden-Ziersalmler *(N. unifasciatus)*. Diese kleinen Salmler werden nur 6 cm groß, was natürlich manchem Pfleger mit kleineren Aquarien sehr willkommen ist. Die Gattung Nannostomus ist recht umfangreich an Arten und Unterarten.

Nannostomus trifasciatus

Wir pflegen die Ziersalmler in Becken, die zumindest eine dichte Randbepflanzung aufweisen. Ziersalmler sind keine unermüdlichen Schwimmer, obgleich sie bei vermeintlicher Gefahr sehr schnell reagieren können. Sie stehen lieber ruhig zwischen den Pflanzen, so daß man die wunderschönen Fische gut betrachten kann. Der Bodengrund soll dunkel gehalten sein.
Ein Ziersalmlerbecken ist besonders hübsch anzusehen, wenn es mit Wurzelstücken dekoriert ist. Die Fische stehen gern im Schutz dieser Wurzeln, die ihnen bei Gefahr Deckung geben. Die Tiere fühlen sich in möglichst weichem und über Torf gefiltertem Wasser am wohlsten.

Geradsalmler

Auch die Geradsalmler werden heute als eigene Familie geführt (Citharinidae). Alle Citharoniden kommen aus Afrika. Der deutsche Name Geradsalmler wurde von der geraden Seitenlinie abgeleitet.

Bei den Arten der Gattung *Distichodus* handelt es sich um großflächige plumpe Fische, die im Schwarm leben und wegen ihrer späteren Größe nur geräumigen Becken vorbehalten sein sollten. Diese Salmler können sehr farbenprächtig sein.
Von den über 25 bekannten Arten ist der wunderschön gefärbte Zebrasalmler *(Distichodus sexfasciatus)* am bekanntesten. Diese salmlerartigen Fische zu halten ist im Prinzip einfach: Sie sind nicht allzu anspruchsvoll und bedingt verträglich. Als Jungtiere von 8–10 cm Größe fressen sie anfangs überwiegend fleischliche Kost, wobei man sie vorsichtshalber aber auch mit Kopfsalatblättern versorgen sollte. Es ist jedoch möglich, daß dieser vegetarisch gemäßigte Freßtrieb über Nacht umschlägt und der Fisch dann alles an Pflanzen vertilgt, was er nur erreichen kann.
Die Fische fressen neben dem erwähnten Kopfsalat noch überbrühte Spinatblätter, Algen (aus anderen Aquarien) und Haferflocken, zudem das übliche Fleischfutter, bestehend auf Tubifex, Wasserflöhen und Insektenlarven. Werden die Fische dann erwachsen, können sie bis zu 25 cm lang und überdies recht dick werden.
Neben den *Distichodus*-Arten gibt es noch die ähnlich gebauten der Gattung *Citharinus.* Diese weißfischähnlichen Tiere werden für jedes Aquarium zu groß, und kein Aquarienfreund sollte sie, falls ein Händler sie einmal als »Beipack« importiert hat und daher günstig anbietet, erwerben.

Phago loricatus

Ein weiterer Geradsalmler, der aber kein Friedfisch, sondern ein Räuber ist, stellt sich mit dem gepanzerten Schnabelsalmler *(Phago loricatus)* vor. Der Fisch stammt aus dem Niger im westlichen Afrika und wird bis zu 15 cm lang. Die meist scheuen Tiere leben nach Art der Hechte, und man muß sie daher einzeln, in nicht zu hellen Becken mit reichlichem Pflanzenbewuchs halten. Mitbewohner würden verspeist. Das Wasser kann mittelhart sein, wogegen die Temperaturen hoch (28 ° C) sein müssen. Die Tiere können zu Problemfischen werden, da sie nur lebendes Futter nehmen (kleine Fische und Insektenlarven). Die Körperseiten sind zart rostbraun und mit zwei oder drei schmalen, blaßschwarzen Längsbinden versehen. Zwischen den Binden ist der Körper messinggelb gefärbt. Die transparenten Flossen haben einen gelblichen Schimmer. Zwei feine dunkle Streifen laufen horizontal über die Rückenflosse, und schmale, kräftig dunkelgefärbte Schrägbinden stehen in der Schwanzflosse. Über die Nachzucht der gepanzerten Schnabelsalmler ist nichts bekannt.

Beilbauchsalmler

Carnegiella strigata

Thoracocharax securis

Die Beilbauchsalmler bilden ebenfalls seit geraumer Zeit eine eigene Familie (Gasteropelecidae). Ihre starke Muskulatur erlaubt es diesen südamerikanischen Bewohnern der oberen Wasserschichten, sich bei der Jagd auf Insekten aus dem Wasser zu erheben. Mit Hilfe der segelartigen Brustflossen, mit denen sie in der Luft noch schwirrend schlagen können, legen sie dabei mehrere Meter außerhalb der Wasseroberfläche zurück.
Ihre Heimat erstreckt sich von Panamá bis zum südlichen Brasilien, wo sie vor allem die kleinen Nebenflüsse der großen und mittleren Gewässer bewohnen.
Die ziemlich gerade Rückenlinie mit dem oberständigen Kopf und Maul kennzeichnet sie als typische Jäger der obersten Wasserschichten. Die tief hängende Bauchpartie gibt ihnen ein eigenartiges Aussehen.
Beilbauchsalmler gibt es in verschiedenen Arten und Größen. Vom kleinen, nur 2,5 cm groß werdenden Glasbeilbauch *(Carnegiella myersi),* über den Marmorierten Beilbauch *(Carnegiella strigata),* bis zum Silber- oder Platin-Beilbauch *(Thoracocharax securis),* der bis zu 9 cm groß wird, erstreckt sich das Angebot der Händler. Die Fische sind nicht für Anfänger geeignet. Sie benötigen ein Becken mit großer Wasseroberfläche. Eine Abdeckung ist unbedingt erforderlich, da sie sonst tatsächlich »fliegen« und herausfallen können.

Die Bepflanzung des Aquariums kann mäßig sein, doch sollten einige langstielige Arten, die ihre Blätter auf die Wasseroberfläche legen, nicht fehlen. Unter diesen Blättern suchen die Fische Deckung gegen Feinde aus der Luft. Die Beilbäuche lieben möglichst weiches und leicht saures Wasser, dessen Temperatur an der Oberfläche zwischen 25 und 30° C liegt.
Als Jäger an der oberen Wassergrenze leben die Beilbäuche von Insekten und deren Larven. Kleinkrebse werden aber im Aquarium auch gern genommen. Verschiedene Beilbaucharten sind schon von Aquarianern nachgezüchtet worden, doch ist über diese Nachzuchten nur wenig bekannt. Selbst die Unterscheidung der Geschlechter ist schwierig, fast unmöglich. Die kleinen Südamerikaner lassen sich gut mit Fischen, die andere Wasserschichten bevorzugen, vergesellschaften.

Karpfenfische

Diese weit verbreitete Familie kann man vom aquaristischen Standpunkt aus in mehrere bekannte Gattungen aufteilen: Die Barben, die Danios, die Rasboren und die Fransenlipper.
Der Großteil der Barben war früher einmal in der Sammelgattung *Puntius* zusammengefaßt. Eine Überarbeitung dieser Gattung und Aufteilung in vier neue Barbengattungen mit teilweise schon bekannten wissenschaftlichen Namen hat darauf der amerikanische Ichthyologe Leonard P. Schultz vorgenommen. Es sind die Gattungen *Barbus* mit der eng verbundenen Gattung *Barbodes,* die Gattung *Capoeta* sowie die altbekannte Gattung *Puntius.* Die Art der Gattungsunterteilung wird jedoch nicht von allen Ichthyologen anerkannt.
Weitere Gattungen und Arten zählen zur großen Familie der Karpfenfische, wie etwa der Goldfisch, der jedoch für die heute betriebene Aquaristik nur noch zweitrangig ist, auch wenn viele Film- und Fernsehregisseure uns immer wieder (nur) Goldfischaquarien in ihren Dekorationen vorsetzen.
Ein großer Teil der Karpfenfische trägt Barteln, die entweder einoder zweipaarig auf den Lippen sitzen. Sie sind zum Beispiel eines der Bestimmungsmerkmale bei der oben beschriebenen Aufteilung in neue Gattungen. Die Barteln helfen den Fischen beim Gründeln auf der Suche nach Futter. Die Cypriniden (Karpfenfische) haben keine Fettflosse. Sie können ihr Maul – etwa beim Schnappen der Beute – mehr oder weniger weit herausstrecken.
Barben finden wir ausschließlich in der alten Welt, also in Europa, Asien und Afrika. Die meisten dieser Tiere sind schöne und harte Aquariumfische, von denen viele im seichten Wasser mäßig fließender Flüsse leben. Einige ernähren sich vorherrschend von Pflanzen, wie etwa die große Schwanefeld-Barbe, die man nur in für sie eingerichteten Becken halten kann.
Barben stellen keine großen Ansprüche an die Wasserhärte, doch soll es gut gefiltert sein. Als Schwarmfische fühlen sie sich am wohlsten in einer Gruppe von Artgenossen. Da die Tiere den ganzen Tag über futtersuchend durch das Aquarium ziehen und dabei auch Algen nicht verschmähen, sind sie immer in guter Verfassung. Bei der Gabe von Lebendfutter zeigen sie ihre ganze natürliche Gier und Lebendigkeit. Sie fressen jedoch auch Trocken-, gefriergetrocknetes und tiefgekühltes Futter.
Viele Barbenarten lassen sich leicht nachzüchten. Es kommt dabei oft zu ergiebigen Gelegen. Das hat zur Folge, daß die Barben zu den preiswerteren Aquariumfischen zählen. Da sie Laichräuber sind, muß das Zuchtaquarium mit einem Laichrost oder mit Glaskugeln (dicht aneinandergelegt) am Beckenboden ausgerüstet sein.
Danios stellen eine Gruppe schöner kleiner und bunter Aquariumfische dar. Sie sind im Gebiet zwischen Indien und Burma beheimatet und benötigen gestreckte Becken mit viel Pflanzenbewuchs. Die Fischlein sind friedfertig und stellen keine großen Ansprüche an das Wasser; Haltetemperatur 20–24° C. So sind sie als ideale »Anfängerfische« zu betrachten.
Die Fische laichen bei geregelter Fütterung meist willig und ohne großes Zutun des Pflegers. Die Geschlechter sind in diesem Stadium nicht schwer zu unterscheiden. Da die Danios ebenfalls zu den Laichräubern zählen, sollte man laichwillige Tiere in ein gesondertes kleineres Becken umsetzen, das mit Büschen aus feinfiedrigen bis moosartigen Pflanzen bestanden ist. Zu einem Weibchen kann man zwei männliche Tiere gesellen. Die Zucht ist manchmal sehr produktiv. Empfehlenswert zum Erhalt einer farbkräftigen Nachkommenschaft ist die rechtzeitige Auswahl der Elterntiere. Blasse und durch viele unfachmännische Nachzuchten farblich degenerierte Tiere können keine farbkräftigen Nachkommen zeugen!
Rasboren stammen in ihrer Mehrzahl aus dem Gebiet der Malayischen Halbinsel und der Sundainseln. Die kleinen Schwarmfische tragen keine

Barteln. Einzelne Tiere wirken meist unscheinbar, und erst ein Schwarm zeigt auch die Schönheit des Einzelfisches. Die Nachzucht der Rasboren kann mitunter schwierig sein. Wichtig ist – und das gilt allgemein – die passende Beschaffenheit des Zuchtwassers. Bei der normalen Haltung sind die Fische der Rasbora-Arten nicht sehr anspruchsvoll.
Fransenlipper und ähnlich aussehende nahe Verwandte (Rüsselbarbe) werden von vielen Fischliebhabern oft fälschlich zu den Schmerlen gerechnet. Allerdings zählen die Tiere auch zu den Bodenfischen. Die Nachzucht ist bisher außerhalb Ostasiens noch nicht erreicht worden.
Der seit langer Zeit bekannteste Vertreter aus der Familie der Karpfenfische ist der Goldfisch *(Carassius auratus auratus),* eine Unterart, die von den Asiaten schon vor mehreren Jahrhunderten durch Auslesezucht aus dem Giebel *(Carassius auratus gibelio)* entstanden ist. Ursprünglich hielt man diese Tiere in Teichen oder ballonartigen Glasgefäßen, wo die anspruchslosen Fische bei sicher nicht idealen Bedingungen ihr Leben fristeten.
Seit einiger Zeit findet der simple Goldfisch bei den meisten Aquariumfreunden keinen Platz mehr. An seine Stelle sind die Schleierfische, Teleskopaugen, Löwenköpfe und wie sie alle heißen mögen getreten. Fische, an deren »Verbautheit« zum Glück nicht allzu viele Fischfreunde Gefallen finden. Diese Tiere werden nach besonderen Regeln und Standardmaßen von den Spezialisten

Goldfisch (Zuchtform)

Goldfisch (Zuchtform)

gezüchtet und gehandelt. Neben den rotgoldenen Exemplaren finden wir auch solche, die schwarz, weißlich oder bunt gescheckt sind, einige sind schuppenlos.
Alle Goldfischarten sind sogenannte Kaltwasserfische, die zwar recht hart sein können und entsprechend erhöhte Temperaturen vertragen. Das sollte aber keinen Pfleger dazu verleiten, die Fische bewußt bei Temperaturen von über 15 ° C zu halten. Goldfische sind Allesfresser. Sie schwimmen den ganzen Tag über gründelnd durch das Becken. Weil sie dabei wenig Rücksicht auf die Erhaltung der Beckendekoration nehmen, ist es schwer, ein Goldfischaquarium gleichzeitig in gutem optischem und biologisch erträgbarem Zustand zu halten. Da die Fische das Wasser schnell in eine trübe Brühe verwandeln können, sollte für gute, starke Filterung gesorgt werden.
Die Allesfresser sind zugleich Vielfresser und machen auch vor den Aquariumpflanzen nicht halt. Die durch Hochzucht erzielten Formen der Schleierschwänze, Eierfische und Himmelsgucker sind besonders empfindlich gegen einen plötzlichen Wasserwechsel, den man aber in einem Goldfischaquarium häufig vornehmen muß. Ein Goldfisch sollte übrigens genauso oft und abwechslungsreich mit Lebendfutter verköstigt werden wie andere und teurere tropische Arten.
Eine der auffälligsten Barbenarten in unseren Aquarien ist die großflossige Haibarbe *(Balantiocheilus melanopterus).* Ihre Heimat ist Südostasien einschließlich der Großen Sundainseln. Die wunderschönen Fische sind als ausdauernde und stets hungrige Pfleglinge bekannt. Der Schwarmfisch sollte zu mehreren Exemplaren gehalten werden. Da die Tiere nicht zu den aquaristischen Zwergen zählen, können sie nur in größeren Becken leben (ab 80 cm bei Jungfischen).
Mit zunehmendem Alter und Wachstum muß dann die Möglichkeit gegeben sein, sie in ein Aquarium noch größeren Inhalts umzusetzen. Eine Abdeckung wird besonders dann empfohlen, wenn die Tiere in zu engen Behältern gepflegt werden, da sie dann gern springen. Die Fische sind bedingt zu vergesellschaften. Man sollte sie nur mit robusten Fischen zusammenbringen.

Balantiocheilus melanopterus

Die Einrichtung des Beckens kann nur mit sehr kräftigen und hartfaserigen Pflanzen erfolgen, da die Barben recht oft und gern daran zupfen. Zweckmäßigerweise beschränkt man sich auf wenige dieser Dekorationsstücke und verwendet als restliche Einrichtungselemente Steine und Wurzeln. Im übrigen fressen Haibarben fast alle Arten von Futter. Die Wasserqualität ist zum Wohlbefinden der Tiere nicht sehr ausschlaggebend. In einem mittelharten bis weichen Wasser (12–16° dH), das in seinem pH-Wert knapp unter der Neutralgrenze liegt, bleiben die Fische bei längerer Pflege immer gesund und munter. Die Temperaturen liegen bei 24–26° C. Werden die Fische in wirklichen Großaquarien gepflegt, können sie über 25 cm groß werden. In den meisten Heimaquarien erreichen sie diese Größe nicht oder erst sehr spät. Über die Nachzucht ist noch nichts bekannt. Bei den angebotenen Tieren handelt es sich stets um Importe, was auch ihren Preis erklärt.

Danios

Ausgesprochene Lieblinge der meisten Aquarianer sind die Danios. Die bekanntesten von ihnen sind aus unseren Aquarien nicht mehr fortzudenken. Die Fische bringen fast alles mit, was ein Fischliebhaber von seinen Pfleglingen erwartet: Eine kräftig bunte Färbung, geringe Größe, Lebendigkeit, eine relative Anspruchslosigkeit und last not least eine nicht allzuschwere Züchtbarkeit.
Fünf Arten von ihnen haben sich besonders gut in unseren Aquarien eingebürgert. Es sind dies der Leopard-Danio *(Brachydanio frankei)*, der Schillerbärbling *(B. albolineatus)*, der Tüpfelbärbling *(B. nigrofasciatus)*, der Zebra-Bärbling *(B. rerio)*, der recht groß werdende Malabarbärbling oder Riesendanio *(Danio malabaricus)* und, als eine Neueinführung, der erst 1990 beschriebene *Danio pathirana.*
Die letztgenannte Art kann bis zu 15 cm, die anderen können etwa 6 cm lang werden. Die Fischchen, bei denen die blaue Farbe in der Zeichnung fast immer überwiegt, sind sehr schwimmfreudig und stets auf der Suche nach einem Happen Futter. Sie sind gut zu vergesellschaften.
Das Becken richtet man mit einer kräftigen, nicht zu hohen Randbepflanzung ein, den mittleren Teil dekoriert man mit Wurzeln und einigen Steinen. Die Tiere sind nicht so empfindlich gegen härteres Wasser und einen pH-Wert, der knapp über der Neutralmarke 7 liegt. Die durchschnittliche Haltungstemperatur liegt um 23° C und darf während der Wintermonate bis zu 4° C niedriger liegen. Wird das Wasser kälter, ist die Gesundheit der Fische gefährdet! Danio-Becken sollen nicht zu dunkel stehen. Die Fische sind gute Futterverwerter, da sie sich über fast alles Freßbare hermachen.
Die Unterscheidung der Geschlechter ist bei den Danios nicht allzu schwierig, wenn die Tiere erst geschlechtsreif sind. Meist sind die Weibchen etwas größer. Die Bauchpartie der weiblichen Tiere ist fülliger und etwas tiefer nach unten durchgebogen. Zur Zucht ist ein Becken von 30

Brachydanio albolineatus

Brachydanio frankei
(Schleier-Zuchtform)

Brachydanio rerio
(Schleier-Zuchtform)

und 40 cm ausreichend. Es soll nicht zu hell beleuchtet sein und in den Ecken mit feinfiedrigen Pflanzen besetzt werden. (Der Zebrabärbling kommt auch ohne sie aus.) Das Weibchen wird zuerst in das Ablaichbecken gesetzt. Man gibt dem Tier einen Tag zur Eingewöhnung, bevor man zwei männliche Fische zusetzt. Während des Ablaichprozesses soll man die Tiere nach Möglichkeit beobachten: Ist der Ablaichvorgang beendet, müssen alle Fische aus dem Becken genommen werden, da sie sich sonst über den Laich hermachen und ihn verspeisen. Im wärmeren Zuchtwasser (ca. 3 ° C höhere Temperaturen) entwickeln sich die Eier innerhalb von 24 Stunden bis zur Schlupfreife. Die Kleinen sind nicht sehr anspruchsvoll. Schon einen Monat nach dem Ablaichen kann der gleiche Vorgang wiederholt werden.

Saugbarben

Die Saugbarben (Garrinae) sind eine Unterfamilie der Karpfenfische. Durch den Bau ihres Maules ist die Art als Sauger gekennzeichnet. Die Schönflossenbarbe *(Epalzeorhynchus kalopterus)* und die Grünflossige Rüsselbarbe *(E. siamensis)* sind ähnlich gefärbt und stammen aus Südostasien. Beide Arten haben ein unterständiges Maul mit verdickten Lippen. Die Oberlippe ist stark vergrößert. Durch die so entstandene tütenförmige Saugpartie haben die Tiere die Möglichkeit, abgeraspelte Algen gleich in die »Maultasche« und dann weiter in den Magen befördern zu können, und sie dient ihnen zum Anheften an Steine und Wurzeln in den oft schnell fließenden Gewässern ihrer Heimat. Dabei sind die bodenbewohnenden Barben keinesfalls schlechte Schwimmer! Sie ziehen spielerisch und elegant im lockeren Schwarm dahin. Die recht ansprechend gefärbten Tiere bleiben im Aquarium nach langjähriger Pflege fast immer bei Endgrößen, die um 10 cm liegen. Der Aquarianer schafft eine Saugbarbe nur an, um sein Becken frei von störenden Algen zu halten. Wenn sie einen »guten Tag« hat, kann sie recht große Lücken in einen Algenrasen reißen, und als Dauergast gehalten, werden die Algen nie überhandnehmen. Die Schönflossenbarbe ist im Grunde schon eine alte Bekannte, wogegen die Grünflossige Rüsselbarbe erst Ende der fünfziger Jahre entdeckt wurde. Dafür ist sie aber

die bessere Algenvertilgerin. Sie ist im Gegensatz zur Schönflossenbarbe eine Einzelgängerin. Zu mehreren Tieren im Aquarium gehalten, kann sie sehr zänkisch werden. Fische anderer Arten läßt sie unbehelligt, weshalb sie gut zu vergesellschaften ist.
Man pflegt die Tiere fast immer im Gesellschaftsbecken mit ausreichender Bepflanzung bei Temperaturen zwischen 23 und 26° C. Die Barben haben sich in den verschiedensten aquaristischen Notsituationen schon als äußerst robuste Pfleglinge erwiesen und stellen keine großen Ansprüche. Ja selbst ein Umsetzen von mineralarmem Regenwasser in hartes, salzreiches Leitungswasser soll ihnen nichts ausmachen.
Die Aufbauten im Aquarium sollten so zusammengestellt sein, daß ein bodenbewohnender Fisch ausreichend Verstecke vorfindet. Nur so fühlt er sich richtig wohl, denn Deckung ist in der Natur ja oft das halbe (Über-)Leben. Nach Schmerlenart lassen sich die Saugbarben auch zum Ausruhen auf die Brustflossen nieder.
Der Unterschied zwischen den Geschlechtern ist kaum festzustellen. Es war bisher nicht möglich, Saugbarben nachzuzüchten.

Labeo frenatus

Fransenlipper

Ebensolche Bodenbewohner wie die vorgenannten Arten sind die Fransenlipper (*Labeo*-Arten). Obgleich diese Gattung auch riesige Arten einschließt, kommen für die Aquaristik nur die kleineren und bunten Formen in Frage. Einer der bekanntesten ist der Feuerschwanz-Fransenlipper *(Labeo bicolor)*. Gelegentlich trifft man in den Zoohandlungen auch seine Verwandten an, den Grünen Fransenlipper *(Labeo frenatus)* und *Labeo erythrurus*. Sie bleiben in ihrer Färbung etwas blasser und zeigen nicht diesen harten Kontrast.
Die Fransen bestehen aus kleinen, zottigen Lippenfortsätzen (Hornpapillen), mit denen die Tiere in den sauerstoffgesättigten und schnell fließenden kleinen Gewässern ihrer Heimat (Südostasien) die Algen von Steinen und Hölzern raspeln. Die Natur rüstet ihre Kinder immer mit dem richtigen »Werkzeug« aus, um im Leben bestehen zu können. Daraus ergeben sich auch der gestreckte Körperbau und die recht große Schwanzflosse, die es dem Fisch erlauben, bei Gefahr blitzschnell in Deckung zu gehen. Wer schon einmal einen solchen Fisch zu fangen versuchte (mit Kescher im Aquarium), kann diese Schnelligkeit und Schwimmgewandtheit bestätigen.
Unsere Labeos können auch in fast jeder Körperhaltung schwimmen. Sie weiden oft nach Art der Rückenschwimmer Pflanzenblätter von der Unterseite ab, putzen – besonders als Jungtiere – senkrecht auf und ab schwimmend die Algen von den Aquariumscheiben und »robben« manchmal nach Art mancher Welse auf den Brustflossen über den Aquariumboden.
In härterem Wasser zeigen die Fische oft nicht ihr volles Temperament und vor allem nicht ihre ausgeprägte Färbung. In mineralarmem weichem Wasser, das dazu noch leicht über Torf gefil-

Labeo erythrurus

tert wurde, fühlen sich die Tiere offensichtlich viel wohler. Eine teilweise Erneuerung des Aquariumwassers in Abständen von 3–4 Wochen ist für die Labeos ebenfalls vorteilhaft. Die Temperatur kann bei 24–26° C liegen. Die Tiere sind Allesfresser. Wird die Algenkost im Becken knapp, so muß ein Ersatzgrünfutter gereicht werden.
Fransenlipper können mit zunehmendem Alter recht zänkisch werden. Wer das übliche »Pärchen« kauft, wird bald feststellen, daß die Fische unterschiedlich wachsen. Das hängt von der angeborenen Veranlagung und von der körperlichen Schwäche des einzelnen ab, die sich immer stärker ausprägt, je mehr die Fische im Wachstum zurückbleiben.
Wie ich wiederholt feststellen konnte, entwickeln sich aus Gruppen putziger Jungtiere nach und nach die später so streitbaren »Chefs im Ring«. Dem kann man nur abhelfen, indem man in große Aquarien (ab 100 cm Länge) nur wenige Tiere der gleichen Art einsetzt und ihnen durch entsprechende Dekoration gebildete Reviere anbietet. Wer ein solches Becken aus räumlichen oder anderen Gründen nicht erstellen kann, sollte nur einen Fisch dieser Art pflegen.
Fransenlipper der genannten Arten wachsen verhältnismäßig langsam und erreichen ihre Endgröße, die um 20 cm liegt, fast nie. Anders ist es mit dem Schwarzen Fransenlipper *(Morulius chrysophekadion),* der auch oft fälschlich als »Negerschmerle« angeboten wird. Diese Art sieht im Jugendkleid ebenso schön aus, wächst aber recht schnell heran. Da ihre Endgröße bei 60 cm liegt, wird aus ihr auch schon im halberwachsenen Stadium ein Riese.

Barben

Die früher alle zur Gattung *Puntius* gestellten Arten wurden, wie erwähnt, in drei zusätzliche Gattungen unterteilt, deren Merkmale unter anderen sind: *Barbus* = vier kräftige Barteln am Oberkiefer; *Barbodes* = vier kräftige bis kleine Barteln am Oberkiefer; *Capoeta* = nur zwei Barteln am Oberkiefer; *Puntius* = keine Barteln. Diese Unterteilung der Barben wurde jedoch in einer Arbeit von MYERS verworfen. Auch heute sind die Wissenschaftler noch unterschiedlicher Ansicht, weshalb sich allein der Gattungsname *Barbus* gehalten hat.
Die Dreibandbarbe *(Barbus arulius)* ist eine Asiatin. Die bis zu 12 cm groß werdenden Tiere sind nur bedingt gut zu vergesellschaften. Die schwimmfreudigen Schwarmfische knabbern nämlich nicht nur gern das zarte Grün der Pflanzen an, sondern auch die schleierartig verlängerten Flossen einiger Fischarten. Sie brauchen ein mittelhartes Wasser mit Temperaturen um 24° C. Eine Nachzucht ist möglich. Die Färbung der Tiere ist auf den Körperseiten silbrig. Der Rücken irisiert grün. Die Schwanz- und Afterflosse tragen einen roten Saum an der Endkante. Die Rückenflosse des Männchens trägt längere Strahlen als beim Weibchen.
Die Tiger- oder Angolabarbe *(Barbus barilioides)* stammt, wie ihr Name schon anzeigt, aus dem tropischen Westafrika (Angola). Die stets lebhafte und dabei sehr genügsame Art sollte jedoch nicht

in einem zu kleinen Becken gehalten werden. Die Fische brauchen ausreichenden Bewegungsraum, um nicht zu verkümmern. Während des Umherschwimmens legen die Schwarmfische gern eine kurze Ruhepause ein, die sie in dichtem Pflanzenbestand verbringen möchten. Die Randbepflanzung des Beckens kann also recht üppig sein.
Da die Tiere in ihrer Heimat die Uferzonen bewohnen, scheuen sie helles Licht. Falls sich die Beckenbeleuchtung nicht wunschgemäß regulieren läßt (was ja oft der Fall ist), hilft man sich mit einigen breitblättrigen Schwimmpflanzen, die dann den nötigen Schatten geben.
Die Wasserwerte liegen um weich bis mittelhart, der pH-Wert im Neutralbereich um 7. Als typisches Tropenkind verträgt die Angola-Barbe keine Temperaturen, die unter 23 ° C liegen. Sie ist ein Allesfresser, über deren Nachzucht man hier noch nichts weiß.

Barbus barilioides

Barbus lateristriga

Barbus conchonius (Männchen der Schleierform)

Die Prachtbarbe *(Barbus conchonius)* hingegen läßt sich verhältnismäßig einfach nachzüchten. Die in Vorderindien und Bangladesch beheimateten Tiere zählen zweifellos zu den schönsten Aquarienfischen. Die Färbung der Weibchen bleibt stets etwas blaß. Dafür zeigen die männlichen Tiere besonders während der Paarungszeit ein leuchtendes Weinrot, das durch einen tiefschwarzen Fleck auf dem vorderen Schwanzstiel noch unterstrichen wird.
Den recht großschuppigen Barben richtet man ein Becken ein, das ähnlich dem für die vorgenannte Art gestaltet wird. Da diese Fische gern gründeln, sollte der Bodengrund fein und nicht zu hell sein. Wichtig in diesem Zusammenhang ist die ständige Sauberkeit des Bodengrundes. Wer keine trübe Brühe in seinem Becken haben will, der sollte von Zeit zu Zeit zumindest die obere Bodenschicht absaugen und gut durchgewaschen wieder ins Becken geben. Die Heimatgewässer der Barben sind stets klar. In unserem Aquarium reicht der Filter zur Säuberung meist nicht aus, so muß der Pfleger nachhelfen.
Wie bereits erwähnt, ist die Zucht nicht nur möglich, sondern auch sehr produktiv. Die Prachtbarbe zählt zu den Barbenarten, die am leichtesten zu züchten sind. Aber auch hier muß beachtet werden, daß die Tiere arge Laichräuber sind und sofort nach Beendigung der Eiabgabe und Befruchtung durch das Männchen aus dem Becken entfernt werden müssen. Die Tiere werden – zwar in Aus-

nahmefällen – bis zu 14 cm groß, sind aber schon bei Größen um 6 cm zuchtfähig.
Noch einige Zentimeter größer wird die Seitenstrichbarbe *(Barbus lateristriga),* deren Heimat in Malaya und auf den Sundainseln liegt. Sie hat eine auffällige Zeichnung. Leider bleibt ihre Färbung dabei blaß, was wohl neben der stattlichen Größe ein weiterer Nachteil für ihre Verbreitung ist. Ihre Grundfärbung besteht aus einem »verschossenen« Gelb. Neben den Strichmustern gibt es kaum eine weitere Färbung. Die Flossen sind transparent. Die lebhaften Tiere kann man trotz ihrer Größe als ausgesprochen friedliche Schwarmfische bezeichnen. Die Tiere lieben viel freien Schwimmraum, und die Beckenrandbepflanzung sollte nur aus kräftigen hartfaserigen Arten bestehen. Die Allesfresser lieben ein mittelharte Wasser und Temperaturen um 23 ° C.
Barbus malanampyx ist verschiedentlich als Variante von *B. fasciatus* angesehen worden. Es handelt sich jedoch nach neueren Arbeiten um eine selbständige Art. Die Tiere sind über weite Teile Indiens verbreitet (Wynaad, Nilgiri, Travancore) und leben hier bevorzugt im Gebiet der Hügellandschaften.
Ein kleiner Vertreter aus der großen Barbengruppe stellt sich mit der Purpurkopfbarbe *(Barbus nigrofasciatus)* vor. Die etwa 6 cm langen Fische stammen von Ceylon (Sri Lanka). Die schwimmfreudigen Tiere bevorzugen ein mittelhartes Wasser bei etwas höheren Temperaturen (26 ° C), als es sonst bei Barben üblich ist. Ihre Zucht ist möglich und kann leicht zu recht ertragreichen Ergebnissen führen.
Von den Sundainseln (hauptsächlich Sumatra) stammt die Eilandbarbe *(Barbus oligolepsis).* Der Zwerg wird höchstens 5 cm groß. Eine nicht zu starke Bepflanzung mit widerstandsfähigem Grün ist für den revierbildenden kleinen Schwarmfisch angemessen. Der harte Anfängerfisch ist Allesfresser und begnügt sich mit Gesamthärtegraden zwischen 10 und 15 ° dH bei Temperaturen um 23 ° C. Die Zucht ist möglich.
Barbus semifasciolatus kennen die deutschsprachigen Aquarianer als »Messingbarbe«. Ihre Heimat liegt im südöstlichen China (von Hongkong bis Hainan). Von dieser Art werden gelegentlich unter der Bezeichnung *»Barbus schuberti«* sehr schöne Tiere einer Zuchtform eingeführt, die besser unter ihrem deutschen Namen »Brokatbarbe« bekannt geworden ist. Da

Barbus melanampyx

Barbus nigrofasciatus

Barbus semifasciolatus (Zuchtform »Brokatbarbe«)

Barbus tetrazona (Zuchtform »Moosbarbe«)

Barbus titteya

die als Jungfische importierten Tiere öfters nicht in besten Zustand den Markt erreichen, ist es nicht immer leicht, sie zu prächtigen erwachsenen Exemplaren heranzuziehen. Das gelingt am ehesten in einem möglichst geräumigen und mit vielen Pflanzen eingerichteten Becken. Hier können die lebhaften, sonnenhungrigen, aber allgemein anspruchslosen Barben ihre Schwimmfreudigkeit entfalten und – gruppenweise gründelnd – durchs Aquarium ziehen.

Wohl die bekannteste, aber auch recht ruppige Barbe ist die Sumatrabarbe *(Barbus tetrazona),* auch Viergürtelbarbe genannt. Ihre wunderschöne schwarz-gelb-rote Färbung hat sie schon seit langer Zeit zu einem Liebling der meisten Aquarianer werden lassen. Diese leicht züchtbare Art, deren Gelege immer für große Mengen Nachwuchs sorgen, verdankt ihre Popularität wohl auch dem Umstand, daß die Fische zu recht akzeptablen Preisen angeboten werden. Auch die Sumatrabarben leben im Schwarm. Hier herrscht eine ausgesprochene Rangordnung, wie wir sie ja aus dem Zusammenleben vieler Tierfamilien kennen.

Ein Becken, in dem diese Barben gepflegt werden, soll neben einer Randbepflanzung mit kräftigen Arten auch einen ausreichenden Schwimmraum lassen. Einige ins Becken hineinragende Wurzelstücke tragen zur natürlichen Raumgliederung bei. Man soll Sumatrabarben nie mit Langflossern vergesellschaften, weil sie den etwa im gleichen Becken befindlichen Skalaren die langen Flossen anknabbern, was die Buntbarsche natürlich nicht nur stört, sondern sie mitunter – besonders in der Dämmerungszeit – in panikartiges Vorwärtsschießen ausbrechen läßt.

Seit einer Reihe von Jahren ist eine Zuchtform der Sumatrabarbe unter dem deutschen Namen »Moosbarbe« im Handel, deren grüne Farbtöne dem Tier zu seinem Namen verhalfen.

Von *Barbus ticto ticto* wurde eine Zuchtform abgeleitet, die bei uns als »Rubinbarbe« bekannt wurde. Bei den Männchen dieser Art verläuft eine prächtige rubinrote

Rasbora heteromorpha

Rasbora hengeli

Farbzone längs über der Körpermitte; die Weibchen sind dagegen schlicht bräunlich gefärbt. Die Urform der »Zweifleckbarbe« lebt in Sri Lanka und ist über den indischen Subkontinent (mit Pakistan und Bangladesch) und dem anschließenden Birma bis Thailand verbreitet. Ihre nördlichen Vertreter kommen bis nach Nepal vor und steigen in Bächen und Flüssen bis in etwas höher gelegene Zonen auf, an die sich das Hochgebirge anschließt.
Als Unterart *B. t. stoliczkanus* wurde eine Variante aus Birma beschrieben. Die Fische können mit 10 cm in vielen Aquarien für ihre Mitbewohner zu groß und damit lästig werden.
Die Bitterlingsbarbe *Barbus titteya* lebt in überschatteten kleinen Fließgewässern der Insel Sri Lanka. Die lebhaften, nur 5 cm großen Karpfenfische haben eine ansprechende Färbung. Im Aquarium sind die Tiere in zu hellen Becken zurückhaltend und ziehen sich dementsprechend zurück. Werden sie gruppenweise in zu kleinen Becken (ab 60 cm) gehalten, verhalten sich die Männchen untereinander recht zänkisch. Der Handel bietet fast ausschließlich Nachzuchttiere an.

Rasboren

Rasboren stellen ähnliche Ansprüche an ihren Pfleger. Fast alle stammen aus Südostasien. Etwas empfindlicher ist die beliebte Keilfleckbarbe *(Rasbora heteromorpha).* Sie kann bei oberflächlichem Hinsehen leicht mit der Hengels Keilfleckbarbe *(Rasbora hengeli)* verwechselt werden, doch bleibt die letztgenannte wesentlich kleiner (bis 3 cm groß), während die Keilfleckbarbe Größen bis zu 4,5 cm erreicht. Zudem ist der »Keil« eine schwarze Fläche vom Ansatz der Schwanzflosse bis zur Körpermitte, an seiner breitesten Stelle bei *R. hengeli* nur angedeutet, wogegen er bei der *R. heteromorpha* bis unter den vorderen Ansatz der Rückenflosse reicht.
Keilfleckbarben beider Arten fühlen sich erst wohl in möglichst

Rasbora kalochroma

weichem Wasser (unter 8 ° dH) mit einem leicht sauren bis sauren pH-Wert. Die Fische werden von manchen Aquarianern als sehr heikel angesehen. Setzt man die Tiere vom weichen Wasser des Händlerbeckens in eines von 18–20 ° dH um, so ist natürlich die Ausfallrate bei einem empfindlicheren Fisch entsprechend höher.
Keilfleckbarben sind keinesfalls temperamentlos! Neben dem Schwimmraum in der Beckenmitte sorgt man für eine üppige Randbepflanzung aus feinfiedrigen Pflanzen, die im weichen Wasser ohnehin besser gedeihen als in härterem.
Rasboren bevorzugen einen möglichst dunklen Bodengrund. Eine Vergesellschaftung mit anderen gleichgroßen Fischen mit ähnlichen Ansprüchen ist möglich. Temperaturen um 24 ° C. Keine zu helle Beleuchtung. Man kann das Becken durch feine Schwimmpflanzen vor zu starkem Lichteinfall schützen. Keilfleckbarben sind Allesfresser, die manches Lebendfutter dem Trockenfutter vorziehen.
Die Unterscheidung der Geschlechter ist nicht immer einfach. Die etwas größeren und rundlicheren Weibchen tragen einen an der Vorderseite ziemlich gerade abgeschnittenen Keil, während er bei den schlankeren Männchen zum Kopf hin durchgerundet ist. Zur Zucht muß besonders mineralarmes Wasser verwendet werden.
Der Glasbärbling *(Rasbora trilineata)* stammt aus dem Gebiet der Malaiischen Halbinsel sowie von den Großen Sundainseln. Die Tiere sind jedem Aquarianer bekannt. Dieser lebhafte Schwarmfisch kann recht langlebig sein und dabei Größen bis zu 15 cm erreichen. Wenn man die Tiere aber nur in mittelgroßen Becken, das heißt bis zu 70 cm Länge, hält, erreichen sie diese Größe fast nie.
Das Becken kann etwas heller beleuchtet sein als bei der vorgenannten Art, ansonsten aber die gleiche Einrichtung haben. Obgleich die Fische auch weiches Wasser bevorzugen, sind sie etwas robuster. Ein Torfzusatz ist ebenfalls anzuraten. Glasbärblinge sind Allesfresser.
Weitere gut eingeführte *Rasbora*-Arten sind der Schlankbärbling *(Rasbora daniconius),* der bis zu 10 cm groß wird; der Augenfleckbärbling *(R. dorsiocellata),* der aus Malaya und von den Großen Sundainseln stammt und etwa 7 cm groß wird; der sehr schöne Rote Bärbling *(R. kalochroma)* aus dem gleichen Biotop, jedoch mit einer Gesamtlänge von 12 cm; der ebenso große Schmuckbärbling *(R. elegans);* dann der Zwerg unter den Rasboren: die Zwerg- oder Tüpfelrasbora *(R. maculata),* die sage und schreibe nur 2,5 cm lang wird, und der Schwanzfleckbärbling *(R. urophthalma).* Alle Arten lassen sich in ähnlicher Weise pflegen wie die vorgenannten. Die Nachzucht ist allerdings noch nicht bei allen Arten geglückt.

Rasbora elegans

Schmerlen und Dorngrundeln

Die in unseren Aquarien schwimmenden Bodenbewohner aus der Familie der Schmerlen kommen ausschließlich aus Südostasien. Die gesellig lebenden Tiere haben ein unterständiges Maul, mit dem sie Steine und Wurzeln nach Algen abweiden, aber ihre eigentliche Nahrung besteht aus Würmern, Insektenlarven und sonstigem Kleingetier.
Die Fische tragen vor dem Auge eine Abwehrwaffe in Form eines vorklappbaren Dornes, mit dem sie auch den Pfleger schmerzhaft in die Hand stechen können, falls er sie damit zu fangen versucht. Die Darmatmung gestattet es den Schmerlen, auch in sauerstoffarmem Wasser zu leben. Schmerlen hat man bisher in Gefangenschaft nicht vermehren können. Obgleich auch als »Schmerle« bezeichnet, bildet die einzige Art *Gyrinocheilus aymonieri*, die Siamesische Saugschmerle, die Familie der Gyrinocheilidae. Dieser Algenfresser erfreut sich großer Beliebtheit unter den Aquarianern. Natürlich kann man von diesem »Scheibenputzer« nicht erwarten, daß er die Aquariumscheiben blitzblank putzen sollte. Er hält vielmehr den Algenrasen im Aquarium in erträglichen Grenzen. Der Fisch, der die Bodennähe bei seinen Ausflügen durch das Becken bevorzugt, kann sich mit seinem Saugmaul an vielen Dekorationsstücken wie auch an die Aquarienscheiben anheften. Damit er trotz dieser Ansaugleistung weiter atmen kann, hat die Natur ihn mit einer zusätzlichen Wasser-Einsaugspalte versehen, die sich über der normalen Kiemenspalte befindet. Auf diese Weise wird das Atemwasser auch bei nicht angesaugten Tieren nur durch diese Spalte aufgenommen.
Die Südostasiaten leben in ihrer Heimat hauptsächlich in schnellfließenden Bächen. Auch hier weiden sie die Steine ab, ohne höhere Pflanzen zu beschädigen. Lebendfutter fressen sie natürlich ebenfalls gern.
Saugschmerlen werden in der Natur bis zu 25 cm groß, erreichen jedoch diese Länge im Heimaquarium nicht. Sie lieben sauerstoffreiches, klares Wasser. Die Wassertemperaturen können zwischen 20 und 28 ° C betragen. Die Fische sind bisher im Aquarium nicht zur Nachzucht gebracht worden. Äußere Geschlechtsmerkmale zur Unterscheidung sind nicht bekannt.
Bei der Vergesellschaftung der Saugschmerlen mit größeren, scheibenförmigen Fischen ist Vorsicht geboten. Die Schmerlen versuchen manchmal, sich an diese Fische anzusaugen. Die Folgen sind Verletzungen und Verlust von Schuppen. Die Saugschmerlen können mit zunehmendem Alter – da Einzelgänger – zu recht ruppigen Tieren werden.
Zur Familie der echten Schmerlen (Cobitidae) oder Dorngrundeln gehören die folgenden Arten. Die bodenbewohnenden Schwarmfische der Gattung *Acanthophthalmus* werden auch »Dornaugen« genannt. Einer der meist gehandelten Fische ist das Halbbinden-Dornauge *(A. semicinctus)*. Dieser Fisch, wie auch andere bekannte Arten (etwa *A. kuhlii* oder *A. myersi)*, erreichen eine Endlänge von etwa 8 cm. Wie alle tropischen Schmerlen stammen auch sie aus Südostasien. Dornaugen sind dämmerungsaktiv; tagsüber ziehen sie

Gyrinocheilus aymonieri

sich meist in ihre Verstecke zurück. Bei regulierbarer Beleuchtung läßt sich die Aktivität – in Grenzen – steuern.
Die Beckeneinrichtung sollte aus viel organischem Material (Moorkienholz) bestehen, jedoch können auch einzelne Steinhöhlen aus nicht zu kalkhaltigen Stücken miteingebaut werden. Ein weicher und dunkler Bodengrund gibt den Tieren den Charakter der tropischen Heimatgewässer wieder. Ebenso wird eine kräftige und dichte Bepflanzung zumindest der Beckenrandregionen empfohlen.
Dornaugen benötigen weiches Wasser, das nicht über 10° dH hinausreichen sollte. Temperaturen zwischen 24 und 28° C. Die Tiere sind Allesfresser. Die lichtscheuen Schmerlen mögen keine direkte Beleuchtung, weshalb die Wasseroberfläche mit Schwimmpflanzen abgedeckt sein sollte. Zur Vergesellschaftung werden keine weiteren Bodenfische empfohlen, sondern Arten, die in höheren Wasserschichten leben.
Die Tigerschmerle *(Botia hymenophysa)* ist in Südostasien weit verbreitet. Der ruppige Fisch kann nur mit anderen harten Arten vergesellschaftet werden. In großen Becken erreichen die Schmerlen eine Länge von 20 cm. Sie benötigen dazu allerdings eine lange Zeit, da sie nicht schnellwüchsig sind.
Interessant für einen begeisterten Schmerlenpfleger ist die Einrichtung eines speziellen Schmerlenaquariums. Es soll eher weiträumig als hoch sein und den Charakter eines Bachlaufes haben.

Botia macracantha

Botia berdmorei

Das können wir am zweckmäßigsten in einem selbsthergestellten Eternitbecken ausführen. Wir können eine zweite, dünne (gut isolierte) Eternitplatte einkleben, Wurzelstücke und Steine derart von der Rückseite dieser Platte her befestigen, daß diese Dekorationsstücke mehr erfüllen, als ihr Name besagt. In der Natur ist fast immer der Bodengrund unter den Wurzeln ausgewaschen, so daß die Fische darunter »unterstehen« können. Man sollte Wurzeln nicht immer nur auf den Boden legen, sondern flache Schieferstücke auf- und übereinanderschichten, zwischen deren vielen Spalten die Fische ausgezeichnete Versteckplätze finden. Streicht man die Aquarienwände mit Kunststoff schwarz an, so wirkt das Becken tiefer. Zudem kann eine solche Wand kein Licht reflektieren.
Das Wasser in einem Schmerlenbecken muß alle 3–4 Wochen erneuert werden. Bei Temperaturen zwischen 24 und 28° C fühlen sich die Fische wohl. Man soll die Tiere nicht mit kleineren Bodenbewohnern zusammen pflegen.
Ebenso groß ist die Prachtschmerle *(Botia macracantha)*. Sie ist sehr beliebt, aber auch teuer. Dieser langsam wachsende Fisch ist nicht sehr robust. Er braucht weiches Wasser bis zu 12° dH mit häufigem Frischwasserzusatz und ein nicht zu helles Aquarium. In versteckreich eingerichteten Becken kommen die Tiere auch tagsüber aus ihrem Unterschlupf. Diese Schmerlen sind recht friedlich untereinander. Von neu eingesetzten Exemplaren gehen meist einige ein. Im übrigen gilt auch sonst für diese Art das für *B. hymenophysa* Gesagte.
Neben dieser wohl schönsten Schmerle aus der Gattung *Botia* kennen die Aquarianer aber noch eine Reihe von anderen *Botia*-Arten, die im Verhalten sehr interessante Pfleglinge sind, auch wenn es sich bei ihnen überwiegend um dämmerungsaktive Fische handelt.
Da wäre zuerst einmal die Aalstrichschmerle *(B. morleti)* zu nennen. Sie wird etwa 10 cm groß, bleibt aber im Aquarium meist kleiner. Der friedfertige Bartelträger liebt weiches bis mittelhartes Wasser und Temperaturen, die 26° C am Boden nicht überschreiten sollten.
Die Lucas-bahi-Schmerle *(B. berdmorei)* erreicht dieselbe

Botia lecontei

Botia lohachata

Botia striata

Größe und stellt ähnliche Ansprüche wie die vorgenannte Art. Sie erinnert in ihrer gestreckten Form etwas an die Tigerschmerle, da ihre Stirn ebensolang vorgestreckt ist. Ihre Grundfärbung ist ockerbraun, und die Rückenflosse trägt rötliche Flecke in der Spitze.
Die Rotflossenschmerle *(Botia lecontei)* und die Grüne Schmerle *(B. modesta)* erinnern im Verhalten an die vorher genannten Arten. Der Körper er ersten ist, je nach Auffallwinkel des Lichts, grünlich oder blaugrün, und die Flossen zeigen bei erwachsenen Tieren rote Töne. Beide werden aus ihren Heimatbiotopen in Südostasien eingeführt. Die erste kann etwa 14 cm lang werden, die zweite noch ein gutes Stück länger. Man soll sie daher nicht in kleineren Aquarien pflegen, die weniger als 120 cm Frontlänge aufweisen, und die geselligen, langsam wachsenden Schneckenfresser sind darüber hinaus stets in einer Gruppe von mindestens 4 Exemplaren zu halten. Da sie, wie die meisten Schmerlen, dämmerungsaktiv sind, brauchen sie tagsüber ein gemeinsames Versteck, das sie am liebsten in einem röhrenähnlichen Unterschlupf annehmen.
Nur halb so lang wie die Rotflossenschmerle wird die Netzschmerle *(Botia lohachata)*. Ihre Verbreitung reicht von Pakistan über Teile des nördlichen Indiens (Bihar, Rajasthan, Delhi, Punjab) bis nach Nepal, Bangladesch und (möglicherweise) Birma. Im Verhalten wie in den Pflegeansprüchen sind ihre Vertreter den vorher genannten Arten ähnlich.
Botia striata wird meist nur sporadisch eingeführt. Ihre Heimatbiotope liegen vorwiegend im Süden Indiens. Sie wird bis zu 12 cm groß und unterscheidet sich von den übrigen Arten dieser Gattung durch besonders intensive und »harte« Zeichnung. Diese relativ neue Art ist auch am Tage aktiv. Sie ist der rechte Bewohner für das typische Schmerlenbecken. Die Körpergrundfarbe ist tiefschwarz. Goldgelbe, sich nach unten zu verbreiternde schmale Querbänder ziehen um den Körper. Zwischen diesen liegen fadenförmige, feine und ebenso gefärbte wellenförmige Querlinien. Die transparenten Flossen haben einen gelben Hauch und schwarze Punkte.
Zu den Zwergen unter den Schmerlen gehört die Schachbrettschmerle *(Botia sidthimunki)*. Sie erreicht höchstens Längen bis zu 4 cm. Die Weibchen sind rundlicher und besonders in der Bauchpartie kräftiger. Die Körperzeichnung kann recht unterschiedlich sein und reicht vom karoartigen Fleckenmuster bis zu ungleichmäßigen Längsstreifen. Die Schachbrettschmerlen sind auch tagsüber aktiv. Diese Tiere gedeihen ebenfalls in einem nicht so großen (um 60 cm langen) Becken. Doch pflegt man sie dann besser im Artenaquarium. In größeren Aquarien können die Schmerlen auch mit Fischen, die obere Wasserschichten bewohnen, vergesellschaftet werden. Die Beckeneinrichtung soll ähnlich der sein, wie sie bei voranbeschriebenen Arten aufgeführt wurde. Diese Gäste aus Thailand verzehren so ziemlich alles, was man Aquarienfischen dieser Größe im allgemeinen vorsetzt. Die Wasserwerte sollen weich bis mittelhart sein; die Temperaturen 24 bis 28° C betragen. Man sollte ziemlich häufig einen Teilwasserwechsel im Schmerlenbecken vornehmen.

Einige Welsfamilien

Welse haben sich in den Süßwassergebieten der ganzen Welt verbreitet, soweit es sich nicht um die kältesten Zonen unserer Erde handelt. Sie tragen alle Barteln, die glatt oder gefiedert sein können. Die über zweitausend Arten sind auf ungefähr zwanzig Familien verteilt. Viele davon werden für Zimmeraquarien zu groß. Deshalb sollte sich jeder vor einem möglicherweise übereilten Kauf die Größe des ausgewachsenen Fisches angeben lassen. Zu groß gewordene Fische sehen in einem Aquarium nicht gut aus, und sie können mit einem einzigen Flossenschlag die Inneneinrichtung eines Beckens zerstören.
Die meisten Welse sind nachtaktiv. Sie liegen also tagsüber in ihrem Versteck und gehen erst mit beginnender Dunkelheit – oder wenn der Pfleger die Aquariumbeleuchtung ausschaltet – auf Nahrungssuche. Die meisten Aquarianer wollen jedoch ihre Pfleglinge sehen und sich an ihnen erfreuen. Sehr beliebt sind deswegen die Panzerwelse, weil sie tagsüber nicht so zurückgezogen leben wie die meisten ihrer anderen Verwandten. Sie haben außerdem die passende »Aquariengröße« von nur wenigen Zentimetern Länge.
Einige von ihnen lassen sich auch in unseren Aquarien vermehren. Dazu benötigt man ein Zuchtbekken von ungefähr 60 cm Länge, das mit feinem Sand und Pflanzengruppen eingerichtet ist. Die laichreifen Weibchen erkennt man am Körperumfang. Einem weiblichen Tier werden zwei bis drei Männchen zugesellt, bis feststeht, welche Partner zueinander passen. Die restlichen Männchen werden daraufhin wieder entfernt. Die Temperatur wird erhöht bis zu 26 ° C. Durch häufigen Wasserwechsel, bei dem die Temperatur immer um 3–5 ° C gesenkt werden soll, wird der Laichprozeß besser in Gang gebracht.
Nach der Eiablage werden die Elterntiere wieder in das ursprüngliche Becken zurückgesetzt, damit sie sich nicht an den Eiern vergreifen können. Die geschlüpften Jungen werden mit feinstem Lebend- und auch Trokkenfutter großgezogen. Erwachsene Panzerwelse sind gute Futterverwerter. Auch Welse können als Darmatmer (wie Schmerlen) leben. Sie werden in den meisten Fällen aus diesem Grund mit Fischen anderer Familien vergesellschaftet. Nicht alle Welse sind dazu geeignet. Vor allem die groß werdenden Arten (wie etwa die Clariidae) sollte man im Artenbecken pflegen. Sie können zu großen Räubern werden. Sehr beliebt sind Fiederbart-, Panzer- und Harnischwelse.

Fiederbartwelse

Fiederbartwelse stammen ausschließlich aus dem tropischen und subtropischen Afrika. Auch diese Welse sind nachtaktive Schwarmfische. Tagsüber suchen sie sich ein ruhiges Plätzchen, wo sie, gut versteckt, den Anbruch der Dunkelheit abwarten. Sie sind

Synodontis nigriventris

nicht unbedingt bunt gefärbt, doch ihre Musterung ist nicht eintönig.
Einer der schönsten Welse dieser Familie (Mochokidae) ist der Perlenwels *(Synodontis angelicus)*. Er stammt aus dem tropischen Westafrika, ebenso wie sein Verwandter, der Gelbbinden-Fiederbartwels *(S. flavitaeniatus)*. Beide Arten sind in juveniler Größe zwischen 5 und 10 cm besonders kontrastreich gefärbt; diese Zeichnung verblaßt leider mit zunehmendem Alter.
Der Rückenschwimmende Kongowels *(Synodontis nigriventris)* ist ein Zwerg unter den Fiederbartwelsen. Während seine erstgenannten Familienangehörigen eine Länge um 20 cm erreichen können, bleibt er in seinem Wachstum bei 9 cm stehen. Fiederbartwelse sind Allesfresser, denen ein härteres Wasser zwar nicht allzuviel ausmacht, weicheres Wasser aber wohl doch angenehmer erscheint. Die Haltetemperaturen sollen zwischen 23 und 27 ° C liegen. Die Weibchen unterscheiden sich von den männlichen Tieren durch die größere Leibesfülle. Die Nachzucht soll unter günstigen Umständen schon gelungen sein.
Die rückenschwimmende Art *S. nigriventris* hat dieses Schwimmverhalten wohl deshalb angenommen, weil die Fische die Blätter der Wasserpflanzen an deren Unterseite abweiden.
Aus dem Tanganjikasee stammen einige weitere schön gefärbte Fiederbartwelse, darunter *S. multipunctatus* und *S. granulosus*. Sie lassen sich ähnlich pflegen wie ihre übrigen Verwandten, leben in ihren natürlichen Biotopen in einer ufernahen Felsenlandschaft und dazu allerdings in ziemlich alkalischem Wasser.

Echte Welse

Der nächste Pflegling stammt aus der Familie der Echten Welse (Siluridae). Man kann ihn im eigentlichen Sinne nicht als Bodentier bezeichnen. Dieser verblüffend durchsichtige Fisch ist so transparent, daß man jede Gräte seines Körpers erkennen kann, weshalb man ihn auch den Indischen Glaswels *(Kryptopterus bicirrhis)* nennt.
Die in Thailand, Malaysia und auf den Großen Sundainseln beheimatete Art wird bis zu 10 cm lang. Die lebendigen Schwarmfische (!) sollten in nicht zu kleinen Becken gehalten werden. Gern stehen sie zwischen locker gesetzten, feinfiedrigen Pflanzen. Einzeltiere sollten schnellstens wieder mit Artgenossen zusammengebracht werden, da sie sonst verkümmern. Ebenso dürfen mitvergesellschaftete Fische nicht zu ruppig sein. Das Wasser kann weich bis mittelhart sein und Temperaturen um 24 ° C haben. In erster Linie sind die Tiere Lebendfutterfresser und nehmen nur in Ausnahmefällen Trockenfutter. Über die Nachzucht ist nichts bekannt. Kein Anfängerfisch!

Stachelwelse

Der Indische Goldstreifenwels *(Mystus vittatus)* gehört zur Familie der Stachelwelse (Bagridae). Der Südostasiat kann sich auch im Aquarium zu einer stattlichen Größe (20 cm) entwickeln. Die Fische werden besonders gern als Jungtiere angeschafft und gehal-

Synodontis multipunctatus, juv.

ten. Sie tragten dann sehr lange Barteln auf der Oberlippe. Auch diese Fische sind in der Hauptsache nachtaktiv und liegen tagsüber in ihrem Versteck. Größer gewordene Tiere überfallen gern nachts andere Beckenbewohner im Schlaf! Über eine Nachzucht dieser Allesfresser ist nichts bekanntgeworden.

Dysichthys coracoideus

Antennenwelse

Ein weiterer Gast stammt aus der Familie der Antennenwelse (Pimelodidae). Die Angehörigen dieser Familie stammen aus dem mittleren und nördlichen Südamerika, wenige aus Mittelamerika. Ihre sogenannten Antennen bestehen aus drei Bartelpaaren, mit denen sie nach Garnelenart tasten können. Zur Familie zählen u. a. die Gattungen *Phractocephalus, Pimelodus, Pimelodella, Pseudopimelodus, Rhamdia* und *Sorubim* (Spatelwelse). Die groß werdenden Spatelwelse sind nur im juvenilen Stadium für Heimaquarien geeignet.
Besser für ein Becken der gebräuchlichen Größe eignen sich dagegen der Schwarzflecken-Antennenwels *(Pimelodus clarias).* Entdeckt wurden die Fische schon vor fast zweihundert Jahren (Bloch 1795). Diese Antennenwelse werden bis zu 30 cm groß, erreichen ihre volle Größe aber nur in Anlagen besonderen Ausmaßes oder in der Natur. Sie sind nicht sehr einfach zu pflegen. Hartes Wasser bekommt den Südamerikanern weitaus weniger als weiches; dazu sollte es noch etwas angesäuert sein (Filterung über Torf). Die Wassertemperaturen dürfen zwischen 20 und 26° C liegen.
Antennenwelse dürfen nicht in zu kleinen Becken gehalten werden (Mindestlänge 80 cm). Das Aquarium muß einen weichen, dunklen Bodengrund haben, viele Verstecke aus nicht zu hellem Gestein oder Wurzelholz sowie auf der Wasseroberfläche eine Abdeckung aus Schwimmpflanzen. Die nacht- und dämmerungsaktiven Tiere fressen nur in Notfällen totes Futter; sie bevorzugen Lebendes: Mückenlarven, Tubifex und ähnliche, noch schmackhaftere Leckerbissen.
Welse dieser Familie sind mit langen Antennen ausgestattet. Die Ansätze der Barteln an den Lippen sind äußerst empfindlich gegen Verletzungen. Es ist daher anzuraten, die Fische mit einem Glasbehälter (nicht mit dem Fangnetz) zu fangen. Je nach Größe der Welse verwende man dafür ein umgekipptes Marmeladen- oder Einmachglas, das in die voraussichtliche Schwimmbahn des Welses gelegt wird. Meist erkennen die Fische die Falle erst zu spät und lassen sich auf diese Art problemlos fangen.

Bratpfannenwelse

Bratpfannenwelse sind mittelgroße bis kleine Südamerikaner, die häufig in Heimaquarien zu finden

sind. Die Fische verdanken den zutreffenden Namen ihrem Aussehen: Kopf und Körper bilden die »Pfanne« und der dünne Schwanz den »Stiel«. Die Bratpfannenwelse bilden eine eigene Familie (Aspredinidae). Obgleich sie stark gepanzert aussehen, tragen sie keine Knochenplatten. Die nachtaktiven Tiere verschlafen den Tag in einem dunklen und sicheren Versteck. Schon mit einsetzender Dämmerung, meist aber erst bei Dunkelheit, werden sie munter und gehen auf Futtersuche. Sie schwimmen dabei dicht über dem Bodengrund.
Zwei Arten sind hauptsächlich unter den Aquarianern bekannt. Es sind *Dysichthys coracoideus* (Zweifarbiger Bratpfannenwels) und *D. kneri* (Kners Bratpfannenwels). Die erstgenannte Art kann bis zu 15 cm groß werden, die zweite einige Zentimeter kleiner. Bei Bodentemperaturen zwischen 20 und 25 ° C fühlen sie sich am wohlsten.
Wer Welse hält, sollte sein Aquariumthermometer nicht an der Wasseroberfläche befestigen, sondern es in den Bodengrund stekken oder kurz darüber mit einem Sauger andrücken. Nichts ist für Welse gefährlicher als überhöhte Temperaturen!
Die Allesfresser ernähren sich meist von Überresten, die von den Mitinsassen des Beckens nicht mehr verzehrt werden. Da sie sich gern unter die obersten Bodenschichten buddeln, soll man dies bei der Beckeneinrichtung berücksichtigen und entsprechend eine oberste Schicht aus feinem Sand eintragen.

Panzerwelse

Zu den größten Lieblingen der Welspfleger zählen die Panzerwelse (Callichthyidae). Sie tragen einen echten Panzer in Form von Knochenplatten, die in zwei Längsreihen angeordnet sind. Diese »Panzerplatten« sind wie Dachziegel übereinandergelegt. Mit harten Flossenstacheln können sie Zudringlinge (auch Pfleger) abwehren, Diese Strahlen befinden sich in Brust-, Rücken- und Fettflossen.
Panzerwelse sind Schwarmfische, die man nie als einzelne Tiere mit andersgearteten Fischen vergesellschaften sollte. Panzerwelse sind sehr beliebt. Sie haben eine ideale Größe, die bei den meistgepflegten Tieren der Gattung *Corydoras* zwischen 5 und 10 cm liegt. Der Metall-Panzerwels *(Corydoras aeneus)* ist für die Ansprüche und das Verhalten dieser Gattungsarten wohl kennzeichnend. Die stark gebogene Rükkenlinie sowie die kurzen Barteln, eine oft steil hochstehende Rückenflosse und die gedrungene Körperform geben den Panzerwelsen ein unerklärlich sympathisches Aussehen.
Es hat sich gezeigt, daß Südamerikas Gewässer noch viele schöne, bisher unbekannt gebliebene Panzerwelse bergen, wie die Abbildungen auf Seite 110 zeigen.
Viele Vertreter der sehr artenreichen Gattung lassen sich in Gefangenschaft nicht allzu schwer nachzüchten. Die Nachzucht gelingt am besten in den Wintermonaten (ab Ende Oktober). Die

Corydoras arcuatus

männlichen Tiere dieser kleinen, friedlichen Fische erkennt man an der steileren Rückenflosse, die Weibchen am größeren Körperumfang. Panzerwelse benötigen natürlich auch Verstecke zum Wohlbefinden im Aquarium, doch machen sie – vor allem tagsüber – weniger Gebrauch davon als die meisten anderen Welse.
Von Zeit zu Zeit sieht man die Welse, die ja als ausgesprochene Bodenfische nur die untersten Wasserschichten bewohnen, schnell zur Wasseroberfläche schwimmen, um Luft zu holen. Sie nehmen also atmosphärischen Sauerstoff auf, anstatt ihn dem Wasser zu entziehen. Das hängt mit der schon erwähnten Darmatmung zusammen. Diese Art der Atmung ermöglicht es den Tieren, selbst in sauerstoffarmen Gewässern zu leben. Gefressen wird von den Panzerwelsen fast alles. Auch wenn die Fische oft als »Müllkutscher« oder »Gesundheitspolizei« des Aquariums bezeichnet werden, soll das nicht heißen, daß sie Lebendfutter verschmähen würden, im Gegenteil: Sie mögen es am liebsten!
Die Wassertemperaturen um 24 ° C bekommen den Panzer-

welsen gut. An die Wasserhärte stellen sie zwar keine besonderen Ansprüche, doch sollte man ihnen Wasser weicher Qualität anbieten. Metall-Panzerwelse werden bis zu 7 cm groß.
Der Stromlinien-Panzerwels *(C. arcuatus)* stammt aus dem Gebiet um den Lago Tefé am mittleren Amazonas. Er wird nur 5 cm groß. Markant ist seine hohe und spitze Rückenflosse sowie seine vom Maul zum Schwanzstiel gebogen verlaufende Längsbinde.

Der Leopard-Panzerwels *(C. julii)* lebt in den Amazonas-Nebenflüssen und wird bis zu 6 cm groß. Durch seine Zeichnung aus feinen Punktreihen ist er praktisch kaum zu verwechseln. Er unterscheidet sich dabei beispielsweise vom Schwarzbinden-Panzerwels *(C. melanistius)* durch die fehlende oder nur schwach ausgebildete Augenbinde. Bei der letztgenannten Art reicht die schwarze Zeichnung der Rückenflosse bis in den Körper hinein, und die Anordnung der schwarzen Tüpfel ist nicht so perlenschnurartig wie beim Leopard-Panzerwels.
Rabauts Panzerwels *(C. rabauti)* bewohnt den Amazonas westlich von Manáus. Auch er wird 6 cm groß. Beim ersten Anblick scheint er die gleiche Rückenlängsbinde zu haben wie der Stromlinien-Panzerwels, doch reicht sie vorn nur bis zur Stirn.
Schwartz' Panzerwels *(C. schwartzi)*, so benannt zu Ehren des Manáus-Exporteurs Willy Schwartz, ist wieder ein getupfter Pflegling. Die Musterung ist diesmal aber viel gröber als bei den beiden vorher erwähnten gepunkteten Arten. Dazu sind diese Tüpfel auch unregelmäßig angeordnet.
Der Panda-Panzerwels *(C. panda)* ist ein lebhafter Vertreter und liebt helle und sonnige Becken mit weichem sandigen Bodengrund. Der Allesfresser lebt im Schwarm recht lange und macht seinem Pfleger viel Freude.
Im Jahre 1972 beschrieb der niederländische Ichthyologe Nijssen aus dem System des Rio Purús in Brasilien den spitzköpfigen »Schwanzfleck-Panzerwels« *Corydoras ourastigma*. Daneben wird eine ähnliche, etwas kleiner bleibende, mit einem stärker gerundeten Kopfprofil versehene Spezies eingeführt (Foto).
Erwähnt seien noch zwei besonders kleine Arten. Es sind der Sichelfleck-Panzerwels *(C. hastatus)* und der Zwergpanzerwels *(C. pygmaeus)*. Beide werden nur 3–4 cm groß. Der noch kleinere Schachbrett-Panzerwels *(C. cochui)*, der nur eine Endlänge von etwa 2,5 cm erreicht, wird leider sehr selten importiert.

Corydoras aff. *ourastigma*

Corydoras panda

Corydoras schwartzi

Glyptoperichthys gibbiceps,
6 cm langes Jungtier

Acanthicus adonis

Harnischwelse

In der Reihenfolge der Beliebtheit dürften nach den Panzerwelsen die Harnischwelse folgen. Dachziegelartig angeordnete Knochenplatten überdecken schützend Kopf und Körper. Auswüchse, die der Tarnung oder Verteidigung dienen, geben den Fischen oft ein bizarres Aussehen. Bedingt durch die Tatsache, daß tierfreundliche Aquarianer heutzutage die Ausmaße ihrer Becken etwas geräumiger als früher wählten, haben nun auch die etwas größer werdenden, nicht räuberischen Harnischwelse Chancen, gepflegt zu werden.
So kommt es, daß sich die Zahl der Gattungen (auch unter der Berücksichtigung von Neubeschreibungen), aus denen Welse zu uns gelangen, kräftig erhöht hat. Wir finden heute Vertreter aus *Acanthicus, Ancistrus, Cochliodon, Dasyloricaria, Farlowella, Glyptoperichthys, Hypostomus, Leporacanthicus, Loricaria, Otocinclus, Panaque, Peckoltia, Pseudacanthicus, Pterygoplichthys* und *Sturisoma* im Handel – um nur die bekanntesten zu nennen.
Zu den kleineren und bereits seit langem gepflegten Arten gehören die Harnischwelse aus dem *Loricaria*-Verwandtschaftskreis. Einer davon ist *Dasyloricaria filamentosa.* Diese Art stammt aus dem Gebiet des Magdalenenstromes in Kolumbien. Die Tiere erreichen in der Natur oder in sehr großen Aquarien eine Länge von etwas über 20 cm, wovon der Schwanz fast die Hälfte ausmacht. In den meisten Aquarien, wo sie nicht unter idealen Bedingungen gepflegt werden, bleiben sie klein.
Diese auch als Zwergharnischwelse bekannten Tiere lassen sich in Gefangenschaft nachzüchten. Die geschlechtsreifen Männchen bekommen bei eintretender Laichzeit an der Kopfunterseite einen fransenartigen Fortsatz. Dieser »Fransenbart« zieht sich bis zu den Brustflossen hinunter. Die Zwergharnischwels-Weibchen dagegen werden dicker und eher eckiger als rund.
Gelaicht wird nach kräftigem und langanhaltendem Putzen des Substrats auf dunklen Steinen (Steinholz). Die ungefähr 2 mm groß werdenden Eier färben sich vor dem Schlüpfen vom ursprünglichen Weiß in ein helles Braun um. Bei Bodentemperaturen von 23–24° C schlüpfen die Jungen schon nach 8–10 Tagen. Sie werden schließlich von einem Elterntier aus den Eihüllen befreit. Da man die Jungen ohnehin in einem Becken ohne Bodengrund heranzieht (man könnte sie sonst kaum erkennen), kann man feststellen, wie die kleinen Harnischwelse, nachdem der Dottersack aufgezehrt ist, sofort zu fressen beginnen. Dabei sind sie nicht allzu wählerisch und verputzen alles, was durch ihr kleines Mäulchen geht.
Fast noch kleiner bleiben einige Vertreter der Gattung *Otocinclus*, darunter *O. affinis* und *O. vittatus*, die sich, wie die meisten Welse, gern ansaugen. Aber gerade sie hat man mit dem deutschen Namen »Saugwelse« belegt. Sie werden nicht länger als 4–6 cm.

Seit langem schon sind die Segelschilderwelse gern gesehene Gäste in unseren Aquarien, allen voran die als *Glyptoperichthys gibbiceps* eingeführte Art. Wer sie als kleine, dann nur 6–8 cm lange Jungtiere erwirbt, sollte wissen, daß diese Welse – ohne daß es ihrer Schönheit schaden würde – nach 3 oder 4 Jahren eine Länge um 50 cm erreichen können (Titelfoto). Dazu brauchen sie dann natürlich ein entsprechend geräumiges Aquarium!
Erst in einem der letzten Jahre wurde in der Gattung *Acanthicus* eine neue Art als *A. adonis* beschrieben – ein schwarzgrundiger Wels mit leuchtend weißen Tüpfeln. Sein Körper ist derart eng mit feinen, stacheligen Borsten überzogen, daß man ihn in der Hand mit Vorsicht behandeln muß. Auch diese als Jungtiere eingeführten Welse können im Verlauf von Jahren an die 40 cm lang werden.
Auch der Name eines weiteren weiß getüpfelten Bodenbewohners mit dem deutschen Namen »Rüsselzahnwels« wurde mit *Leporacanthicus galaxias* erst in jüngerer Zeit beschrieben. Er stammt, wie schon der vorher genannte, aus dem Einzug des Rio Tocantins in Brasilien.
Die verschiedenen Vertreter der Gattung *Panaque (P. nigrolineatus* und *P. suttoni),* die in der letzten Zeit wieder häufiger eingeführt werden, sind interessante, wenn auch nachtaktive Aquarienbewohner. Der schwarze *P. suttoni* hat blaue Augen und wird deshalb »Blauaugenwels« genannt.
Zu den kleinbleibenden *Ancistrus*-Verwandten zählt auch eine erst 1991 beschriebene Art aus dem Rio Xingú in Brasilien, für die erst noch eine neue Gattung geschaffen werden mußte. Es ist der maximal 8–10 cm groß werdende Zebrawels *Hypancistrus zebra.* Leider ist auch er bevorzugt nachtaktiv, so daß man seine schöne Musterung am Tag nur selten bewundern kann.
Die Vertreter der Gattung *Pseudacanthicus* hat man mit dem treffenden deutschen Namen »Kaktuswelse« bezeichnet. Es handelt sich vor allem um die beiden Arten wie *P. serratus, P. spinosus,* von denen Tiere eingeführt werden. Aber es sind auch bereits Tiere aufgetaucht, bei denen es sich um Vertreter des heißbegehrten *P. leopardus* handeln könnte. Sie sind in der Pflege anspruchslos und können sich bei dem (fast schon üblichen) zu reichlichen Futterangebot eine »Wampe« anfressen.
Alle die genannten Harnischwelse sind tadellose Mitbewohner in den ihrer Größe entsprechenden geräumigen Aquarien. Sie, die in ihrer Heimat auch viel pflanzliche Nahrung zu sich nehmen, dürfen auch im Aquarium nicht ohne vegetarische Kost bleiben. Bewährt haben sich, neben den entsprechenden Flocken- und Tablettenfutterarten, vor allem Stücke von aufgeschnittenen rohen Salatgurken, die mit Hilfe eines Gummiringes auf einem Stein befestigt und auf den Aquarienboden abgesenkt werden. Man läßt dieses Futter über Nacht

Zwei unterschiedlich große Welse aus verschiedenen Gattungen, deren Name noch nicht bekannt ist. Bei dem deutlich größeren Tier (links) könnte es sich um den erwähnten *Pseudacanthicus leopardus* handeln

Leporacanthicus galaxias

liegen und ist meist erstaunt, wieviel davon die Fische am anderen Morgen gefressen haben.
In der Natur leben die Harnischwelse ständig am Boden, wo sie Steine, Wurzeln und Bodengrund nach Nahrung absuchen. Um sich in den oft kräftig fließenden Gewässern ihrer Heimat an Steinen festhalten zu können, hat die Natur sie mit einem Saugmaul ausgestattet. Die dicken, flachen Lippen können derart gestülpt werden, daß der Mund wie ein flacher Saugnapf wirkt. Harnischwelse sind zum Schutz gegen Angreifer nicht nur gut durch Körperbau und Körperfortsätze getarnt, sondern auch noch stark gepanzert.
Wer schon einmal Harnischwelse gepflegt hat, weiß, daß sie als einzige Fische »die Augen zumachen« können. Nun heißt das nicht, daß sie wie ein Mensch nach Belieben die Lider auf- und niederschlagen können. Das Augenlid (Irislappen) der Tiere hat offenbar nicht allein die Aufgabe, die Augen zu schützen, sondern es reguliert stufenweise den

Hypancistrus zebra

Lichteinfall in das Auge ähnlich der Blende an einer Kamera. Harnischwelse sind gute Algenvertilger. Höhere Pflanzen lassen sie unbeschädigt. Bei Temperaturen zwischen 20 und 25 ° C am Boden halten sie sich jahrelang. Das Wasser im Aquarium sollte weich sein, keinesfalls über »mittelhart« hinausgehen. Die Welse liegen tagsüber nicht nur im Versteck, sondern auch am Aquarienboden, oder sie hängen gut sichtbar an einem Dekorationsstück. Die friedlichen Pfleglinge lieben alle Arten von Futter und Grünfutter sowie Fleischliches.

Zahnkarpfen

Zahnkarpfen sind, mit Ausnahme von Australien, über die ganze Welt verbreitet. Sie sind in zwei Gruppierungen gegliedert: Die Eierleger und die Lebendgebärenden. Während die Eierlegenden die Gewässer Asiens, Afrikas, Amerikas und Südosteuropas bevölkern, lebten die Lebendgebärenden ursprünglich nur in der Neuen Welt. Heute kann man verwilderte Importe auch in Südeuropa und vielen anderen Gewässern unserer Erde finden, wo man sie als »Moskitofische« eingebürgert hat.

Eierlegende Zahnkarpfen

Die Mehrzahl der in unseren Aquarien gehaltenen Fische stammt aus tropischen Regionen. Die kleinwüchsigen Arten überwiegen. Ihre Pflege sollte nur erfahrenen Aquarianern vorbehalten sein. Artenhaltung ist zu empfehlen. Die Familien und Unterfamilien der Killifische, wie man sie auch nennt, umfassen ungefähr fünfhundert Arten, jedoch werden es durch Neuentdeckungen von Jahr zu Jahr mehr.
Aphyosemion-Arten findet man im tropischen Westafrika. Dort leben sie in langsam fließenden Bächen, Rinnen und Tümpeln. Weiter südlich, ungefähr bis zum

heutigen Angola, finden wir die Vertreter von *Aplocheilichthys.* Ebenfalls aus dem tropischen Westafrika stammen die Tiere der Gattungen *Epiplatys* und *Pseudepiplatys,* während die *Nothobranchius-* und *Pachypanchax-*Arten aus Ostafrika bzw. Madagaskar stammen. Viele leben dort in größeren bis kleineren Wasseransammlungen, die nur zeitweise mit dem Lebenselement der Fische angefüllt sind.

Aplocheilus lineatus

Dieser Gegebenheit mußten sich die Fische, die wir auch als »Saisonfische« kennen, anpassen. Sie haben gegen Ende ihres kurzen Lebens ihre Eier im Schlamm des Bodengrundes verborgen. Sobald nach einer Trockenperiode dem Tümpel wieder Wasser zugeführt wird, schlüpfen die Jungen, und der Kreislauf beginnt von neuem.
Ähnliche Bedingungen finden in ihrer südamerikanischen Heimat die Fische der Gattungen *Austrofundulus, Cynolebias, Cynopoecilus, Pterolebias* und *Rachovia* vor.
Nord- und Mittelamerika hat seine Gattungen *Cubanichthys, Cyprinodon, Fundulus, Jordanella, Lucania* und *Rivulus.* Auch unter ihnen finden sich einige Arten, die als Saisonfische leben, wie der Wüstenfisch *Cyprinodon macularius,* der im Gebiet der nordamerikanischen Salzseen lebt.
Aus dem Raum um das Mittelmeer bis hinein in den Iran kommen die Kärpflinge der Gattung *Aphanius.* Sie benötigen leicht brackiges Wasser mit Seesalzzusatz.
Schließlich sind noch die Gattungen *Aplocheilus* und *Oryzias* aus dem tropischen und subtropischen Raum Asiens zu nennen. Man findet sie von Indien bis Japan. Die Hechtlinge der erstgenannten Gattung leben an der Wasseroberfläche. Einige Arten sind arge Räuber – auch wenn sie nur klein sind. Trotzdem sind sie wegen ihrer Farbenpracht und willigen Vermehrung sehr beliebt.
Die Zucht der eierlegenden Zahnkarpfen ist einfach, wenn die Ansprüche, die sie an den Pfleger stellen, erfüllt werden. Die Mehrheit benötigt weiches und saures Wasser. Andere fühlen sich wohler in Wasser, dessen pH-Wert im Bereich der Neutralzone liegt.
Die Zahnkarpfen vertragen keinen radikalen Wasserwechsel. Bei der Eiablage müssen wir die Fische unterteilen nach haftlaichenden und bodenlaichenden Arten. Haftlaicher geben ihre Eier während der Laichperiode fast täglich ab und hängen sie an Pflanzen oder Algengespinste. Bei den Bodenlaichern gibt es zwei Gruppen: Die Bodenoberflächen- und die Bodengrundlaicher. Während die meistgehaltenen Tiere zur erstgenannten Gruppe zu zählen sind, gehören die südamerikanischen Fische der Gattungen *Austrofundulus, Cynolebias* und *Pterolebias* zur Gruppe der Fische, die ihre Fortpflanzungsprodukte tief in den weichen Boden graben. Die Zeitigungsdauer oder Diapause (das ist die Zeitspanne von der Eiablage bis zum Schlüpfen der Jungfische) kann einige Wochen, aber auch mehrere Monate betragen. Sogar extreme Fälle mit mehreren Jahren Zeitigungsdauer sind bekannt. Das ist bedeutsam deshalb, weil die Natur alles darangesetzt hat, die Arten auch bei lang anhaltenden Trockenzeiten nicht aussterben zu lassen.
Aplocheilus lineatus, der 10 cm große Streifenhechtling, lebt in Vorderindien und auf Sri Lanka. Er ist ein widerstandsfähiger Oberflächenfisch, der in verschiedenen Farbformen gehandelt wird. Der Panchax, *Aplocheilus panchax,* ist, ebenso wie der vorher genannte Streifenhechtling, ein Oberflächenfisch. Seine Heimat beginnt in Bangladesch und reicht bis zu den Großen Sundainseln. Die bis zu 8 cm großen Tiere kann man ebenfalls zu den

Aphyosemion australe var. *hjerresensii*, Zuchtform »Rotkäppchen«

rubusten Arten rechnen, und aufgrund der weitgestreuten Verbreitung finden wir auch bei dieser Art wieder verschiedene Farbformen.

Ein Becken, in dem Hechtlinge wie diese gehalten werden, soll gut abgedeckt sein, da die Fische ausgezeichnete Springer sind. Trotz ihres räuberischen Nahrungserwerbs lassen sich die Tiere vergesellschaften. Allerdings sollte man darauf achten, daß keine kleineren oder Jungfische in das Becken gesetzt werden. Sie könnten leicht ein Opfer der Hechtlinge werden. Unsere Pfleglinge fressen fast alle Futtersorten, wie Mückenlarven, Wasserflöhe, Cyclops und Fliegen sowie Trockenfutter.

Weitere bekannte und immer wieder importierte Arten sind der Madrashechtling *(A. blockii)* oder Zwergpanchax, der nur bis zu 5 cm groß wird, und der Grüne Streifenhechtling *(A. dayi)*. Bei diesen Arten handelt es sich um Oberflächenfische. Lediglich der Madrashechtling schwimmt gelegentlich in mittleren Wasserschichten.

Im übrigen entspricht die Haltung dieser drei zuletzt genannten Arten der für *A. lineatus* und *A. panchax* beschriebenen.

Die bekanntesten, wenn auch weniger leicht zu haltenden eierlegenden Zahnkarpfen stammen vom afrikanischen Kontinent. Es sind die Vertreter der Gattung *Aphyosemion*. Unter ihnen findet man die am schönsten gefärbten Süßwasserfische. Bis auf wenige Ausnahmen erreichen die Fische keine größere Länge als 6 cm. Jeder Aquarianer weiß, daß gerade die schönsten Fische oft zu den problematischsten zählen. Diese kleinen Kostbarkeiten sind z. B. nur recht kurzlebig. Sie sind als »Saisonfische« bekannt. Ihr Vorkommen beschränkt sich auf kleine Bäche, Tümpel und Pfützen des tropischen Westafrikas, die während der heißen Jahreszeit austrocknen, so daß die Fische zugrunde gehen. In der kurzen Zeit von der Regen- bis zur Trockenperiode müssen die Fische aus den Eiern schlüpfen, heranwachsen bis zur Geschlechtsreife und für die Nachkommenschaft sorgen.

Der Bunte Prachtkärpfling, *Aphyosemion australe*, auch als »Kap Lopez« bekannt, ist einer der meistgepflegten Fische dieser Gattung. Zu ihnen gesellt sich als Unterart der orangerote Kap Lopez *(A. australe* var. *hjerresensii)*, der aus der erstgenannten Art gezüchtet wurde. Der Kap Lopez stammt aus dem Ogowedelta bei Kap Lopez in Gabun/Westafrika. Er ist ausgewachsen um 6 cm lang. Die Tiere sollte man keinesfalls bei höheren Temperaturen als 22° C pflegen.

Innerhalb der hohen Artenzahl der *Aphyosemion*-Gruppe gibt es einige besonders begehrte Vertre-

Aphyosemion ogoense ottogartneri, Form »Lutete«

ter, bei denen meist eine Musterung in roten Tönen dominiert. Einer davon ist zum Beispiel der Ogoweprachtkärpfling *A. ogoense*, hier vorgestellt mit der Unterart *A. o. ottogartneri* Form »Lutete«. Gardners Prachtkärpfling wurde, zusammen mit anderen groß werdenden Arten, der Gattung *Fundulopanchax* zugeordnet *(F. gardneri)*. Die Tiere können 8–10 cm lang werden. Ihre Heimat ist das westliche Äquatorialafrika. Der Blaue Prachtkärpfling *(F. sjoestedti)* ist ein gern gepflegter Gast. Auch *F. gularis* und die früher zur inzwischen eingezogenen Gattung *Roloffia* (siehe dort) gestellte groß werdende Art *F. occidentalis* gehören in diese Gattung. *F. deltaensis* gehört den größerwerdenden Arten an, braucht ein entsprechend geräumiges Aquarium und ziemlich kräftige Nahrung. Wie die meisten ihrer Verwandten neigen auch bei ihnen die Männchen untereinander zur Aggression; dagegen kann man einem Männchen mehrere Weibchen zugesellen.

Fundulopanchax gardneri gardneri, Form »Lafia«

Fundulopanchax deltaensis

Fundulopanchax sjoestedti, rote Zuchtform

Weitere gute Bekannte der Aquarianer sind die Prachtkärpflinge der Art *A. bivittatum* mit einigen Unterarten, der seltener gepflegten Arnolds Prachtkärpfling *(A. arnoldi)*, der Rote Prachtkärpfling *(A. cognatum)*, der Trugprachtkärpfling *(A. fallax)* sowie der Fahnenkärpfling *(A. vexillifer)*. Obgleich sich manche dieser Prachtkärpflinge recht gut vergesellschaften lassen, wird der spezialisierte Liebhaber sie nur im Artenbecken halten. Erst hier kommt ihre Schönheit voll zur Geltung. Die Becken sollten trotz der geringen Größe der Tiere nicht zu klein sein und eine Länge zwischen 20 und 40 cm haben. Das Wasser soll weich und sauer sein. Eine Bepflanzung ist unzweckmäßig. Wer nicht darauf verzichten möchte, der biete den Tieren durch kleine Büschel niedrigbleibender Pflanzenarten einige Deckung. Gefressen wird überwiegend Lebendfutter, jedoch auch Tiefkühlnahrung. Die Temperatur halte man um 22° C.
Hechtlinge der Gattungen *Epiplatys* und *Pseudepiplatys* sind in der Hauptsache an der Küste des afrikanischen Westens beheimatet. Meist bewohnen sie dort stehende oder langsam fließende Gewässer. Als typische Oberflächenfische zeigen auch sie eine durchgehende Oberflächenlinie, die vom Rücken über den Kopf verläuft. Das Maul ist oberständig. Die Tiere benötigen ein Aquarium mit großer Wasseroberfläche sowie eine unterschiedlich strukturierte Schwimmpflanzenabdekkung (verschiedene Arten mit unterschiedlichen Blattformen). Man kann die Fische auch vergesellschaften, was besonders insofern

vorteilhaft ist, als die Beckenmitbewohner das Futter, das den Oberflächenfischen nach unten entgleitet, aufnehmen können. Die Geschlechter lassen sich leicht unterscheiden: Die prächtiger gefärbten Männchen sind auch größer. Die Wassertemperaturen sollen zwischen 26 und 28° C liegen.
Epiplatys- und *Pseudepiplatys*-Arten sind Haftlaicher, die ihre Eier an Pflanzen ablegen. Das Liebesspiel dieser kleinen Fische ist sehr interessant. Das Männchen treibt das Weibchen sehr stark und präsentiert in den Pausen seine schönsten Farben. Manchmal drückt es dabei das Weibchen auf das Ablaichsubstrat; offenbar will es die Partnerin auf seine Pflichten hinweisen. Zwischen 7 und 28 Tage können von der Eiablage bis zum Schlüpfen der Jungen vergehen.
Der Querbandhechtling *(Epiplatys dageti)* lebt im Gebiet von Sierra Leone bis Ghana. Er erreicht eine Größe von 6 cm und ist zur Pflege im Gesellschaftsbecken geeignet. Ein Allesfresser, der auch Jungfische nicht verschmäht. Er ist leicht zu verwechseln mit dem Rotpunkthechtling *(E. longiventralis),* der aus ähnlichen Regionen kommt. Auch diese Art wird nahezu 6 cm lang. *E. lamottei* ist eine farbenprächtige, blaugrundige Art, die ursprünglich als Unterart von *E. fasciolatus* galt. Die Westafrikaner leben in höheren Gebieten, bevorzugen Temperaturen zwischen 21 und 23° C und sehr weiches Wasser. Sie lassen sich aber auch in 6–8° dH zur Nachzucht bringen.

Epiplatys lamottei

Der Ringelhechtling *(Pseudepiplatys annulatus)* stammt aus der Region etwa zwischen Guinea und Liberia. Der Zwerg wird nur etwa 4 cm lang und hält bei entsprechender Pflege bis zu drei Jahren aus. Die geringelten Fische zeigen besonders während der Balz eine intensive Färbung, bei der die Flossen des Männchens mit schönsten Rottönen durchsetzt sind. Den Weibchen fehlt diese Farbe, weshalb sie immer etwas blasser wirken. Die Fische brauchen zum Wohlergehen weiches Wasser (4–8° dH), und der pH-Wert soll leicht sauer sein. Die Haltetemperaturen liegen im günstigsten Fall bei 24° C. Zur Haltung reichen kleinste Aquarien von 30-40 cm Länge aus. Die Pflege von Tieren dieser Art, die keine Anfängerfische sind, kann mit erfolgreicher Nachzucht enden.
Die Arten der Gattung *Nothobranchius* stammen von der afrikanischen Ostseite. Auch sie sind Saisonfische, da sie noch kurzlebiger sind als die der Gattung *Aphyosemion.* Die drei bekanntesten unter ihnen weichen auch farblich derart voneinander ab, so daß man sie gut unterscheiden kann. Es sind dies Weinroter Prachtfundulus *(N. orthonotus),* Gelbgrüner Prachtgrundkärpfling *(N. palmquisti)* sowie Rachovs Prachtfundulus *(N. rachovii).* Die Ostafrikaner werden bis zu 7 cm lang, der Blaue Prachtfundulus *(N. guentheri)* sogar ein bis zwei Zentimeter größer. Nur Rachovs Prachtfundulus ist ein »Zwerg«, der eine Länge von 5 cm nicht überschreitet.
Seit einer Reihe von Jahren sind mit *N. korthausae* und *N. eggersi* zwei Arten beschrieben und eingeführt, deren Vertreter in stark differierenden Färbungen vorkommen. Von der ersten Art wurde zuerst eine gelbbraune Form auf der ostafrikanischen Insel Mafia entdeckt, später eine rotgemusterte. Vom ostafrikanischen *N. eggersi* kennen wir eine blaue und eine rote Form.
Die Pflege der Fundulinen ist nicht für alle Arten gleich. Ähnlich wie bei der Gattung *Aphyosemion* angegeben, hält man die Tiere auch im Artbecken. Hierbei stellen die Arten *N. orthonotus*

Nothobranchius korthausae, rote Form (unten). Bei dem oberen Tier handelt es sich um eine gelbe Form von *F. gardneri*

und *N. palmquisti* recht gleiche Ansprüche, nämlich eine Wasserhärte zwischen 6 und 10° dH bei einem leicht sauren pH-Wert von etwa 6,8. Für die normale Haltung reichen Temperaturen von 22–24° C aus. Lediglich zur Zucht läßt man die Temperatur um zwei bis drei Grad ansteigen. *N. rachovii* ist schon anspruchsvoller. Er bevorzugt extrem weiches Wasser zwischen 2–5° dH und Temperaturen um 24° C. Die Wasserreaktion liegt stärker im Bereich »sauer« bei einem pH von etwa 6,5. Hier soll sich der Pfleger nicht von der oft gehörten Meinung verleiten lassen, daß weiches Wasser auch sauer sein muß. Dies ist ein Irrtum und wurde oft genug widerlegt. Der Handel bietet heute ausgezeichnete Meßreagenzien, um den genauen pH-Wert festzustellen. Die *Nothobranchius*-Arten zählen zur Gruppe der Bodenlaicher. Für die Pflege und die Zucht reichen kleine Aquarien aus. Nur der Zwerg unter diesen Arten stellt gesonderte Ansprüche. Für diese Tiere wählt man ein etwas größeres Becken. Eine Bepflanzung ist nicht nötig. Als Bodengrund wird eine nicht zu dichte Schicht aus Flockentorf eingebracht, der verschiedene Fähigkeiten in sich vereinigt: Er ist dunkel, säuert das Wasser mit an und bietet den Fischen eine Ablagefläche für die Eier, falls es ungewollt oder gewollt zur Nachzucht kommen sollte.

In ihrer Heimat leben die Fundulinen von Insekten und ihren Larven. Eine Fütterung in ähnlicher Form ist also angezeigt. Natürlich fressen die Fische auch anderes Lebendfutter wie Tubifex, Wasserflöhe, Cyclops und kleine Jungfische, etwa junge Guppys. Trokkenfutter dagegen wird nicht gern genommen.

Über die Wüstenfische der Gattung *Cyprinodon* wurde schon einiges ausgeführt. Die wenigen Arten sind auf das Wüstengebiet im Südwesten der USA und Nordmexikos beschränkt. Sie sind nicht wegen ihrer Schönheit berühmt, wenn man einmal vom kräftigen Stahlbau des *C. macularius*-Männchens absieht. Ihr Körper ist plump. Wie fast alle eierlegenden Zahnkarpfen ist auch dieser Wüstenfisch ein reiner Tümpelbewohner. Der bekannte Wiener Killifischzüchter Karl Knaack hat durch seine Aufsätze sehr zur Popularisierung dieser Arten beigetragen.

Diese Fische, die so gar nichts Elegantes an sich haben, erinnern an andere Lebewesen, die unter extremen Bedingungen vegetieren müssen. Das, was wir Aquarianer unter Schönheit und Eleganz im Körperbau verstehen, ist ja in Wirklichkeit nur eine zweckbestimmte Anpassung an die natürliche Umgebung der Fische. In seinem Tümpel hat unser Wüstenfisch keine Gegner und auch keine Futterkonkurrenten. Sein Äußeres ist nur dem einen Zweck gewidmet: zu überleben.

Unser Stahlblauer Wüstenfisch *(Cyprinodon macularius)* erreicht eine Größe bis zu 4,5 cm. Er benötigt hartes Wasser (15-25° dH), dem etwas Salz beigegeben wird. Ihrer Größe entsprechend können wir für die Fische ein kleineres Aquarium verwenden. Eine Länge bis 40 cm genügt vollauf für vier bis acht Tiere. Wenn sie zusammengesetzt werden, kommt es meist bald zu heftigem Treiben durch die Männchen. Die Weib-

chen, die man stets in doppelter bis dreifacher Menge den männlichen Tieren zugesellen soll, benötigen jetzt einen Versteckplatz, um unbeschädigt davonzukommen. Für diesen Fall ist eine Bepflanzung von Nutzen, zumal es auch ansprechender aussieht. Bei Temperaturen zwischen 25 und 27° C gedeihen die Fische gut. Sie sind zwar anspruchslos in der Wahl der Lebendfutterart, doch ziehen sie es selbst Tiefkühlfutter vor.
Pterolebias-Arten stammen aus Südamerika. Die Männchen haben groß ausgebildete und bunt gefärbte Schwanz- und Afterflossen. Die Gattung zählt zusammen mit *Cynolebias* zu den »Bodenbohrern«, d. h., die Tiere legen im Gegensatz zu den normalen Bodenlaichern ihre Eier nicht an der Oberfläche ab, sondern tief im Mulm oder dem sonstigen Bodengrund.
Der Blaugrüne Perukärpfling *(P. peruensis)* erreicht eine Größe von etwa 8 cm. Die Fische, die aus dem Gebiet am peruanischen Amazonas stammen, sind ausdauernde und schnelle Schwimmer. Das Becken soll daher nicht klein sein; 60–80 cm Länge sind jedoch ausreichend. Als Bodengrund wird eine etwa 4 cm hohe Torfschicht eingebracht. Die Randbepflanzung soll einen ausreichenden Schwimmraum lassen. Die Männchen sind wesentlich größer als die weiblichen Tiere und rauflustig. Bei der Vergesellschaftung ist auch im Artenbecken darauf Rücksicht zu nehmen. Einige eingebaute Wurzelholzverstecke können zur Revierabgrenzung dienen.

Cyprinodon macularius

Perukärpflinge lieben weiches Wasser, das kräftig angesäuert wurde. Die Härte soll 10° dH nicht überschreiten, möglichst darunter liegen. Der saure pH-Wert liegt günstigerweise um 6,5. Wassertemperaturen möglichst um 22° C, da Saisonfisch. Kärpflinge leben von Insekten. Sie fressen besonders gern frischgefangene, nur betäubte Fliegen, Mücken und ähnliches Stubengetier, das man laufend fangen und an die Fische verfüttern kann. Dazu tiefgekühlte Insektenlarven.
Roloffia wurde mit der PARENTI-Revision als Gattungsname eingezogen und die Arten zu den Gattungen *Aphyosemion* und *Fundulopanchax* überstellt. Wir haben es hier mit Bodenlaichern aus dem tropischen Westafrika zu tun. Zur früheren Gattung gehörten wunderschöne Arten wie *A. bertholdi, A. geryi, F. occidentalis, A. roloffi* oder *F. toddi.* Sie leben in ihrer Heimat nach Art der Aphyosemion-Vertreter. Die Heimat des Goldfasan-Fundulus *(R. occidentalis)* erstreckt sich von Oberguinea bis Kamerun. Seine beachtliche Größe von 9 cm läßt ihn als Riesen unter seinen Verwandten erscheinen. Die Tiere benötigen demnach auch ein größeres Becken, das zwischen 40 und 50 cm lang sein sollte. Da die wuchtigen Männchen dieser Saisonfische gern miteinander streiten, sollte man die Bildung von Revieren erleichtern. Einige Pflanzen und Wurzelholzstücke dienen zur Raumgliederung und als Verstecke, so daß der Schwächere die Möglichkeit hat, sich nach einem Kampf zurückzuziehen. Die kleineren Weibchen bleiben bei diesen Rempeleien unbeteiligt.
Die Tiere sollen in weichem bis mittelhartem Wasser bis 10° dH und leichter Filterung über Torf gehalten werden. Wassertemperatur um 20° C. Als Futter dienen Mückenlarven, Tubifex, Wasserflöhe, Cyclops, Enchyträen (in geringen Mengen), kleine Regenwürmer, frischgefangene Stubeninsekten.

Lebendgebärende Zahnkarpfen

Die Lebendgebärenden nehmen in der Aquaristik einen großen Raum ein. Im Grunde jedoch setzen sich die Vertreter der bekannten Aquarienfische nur aus wenigen Gattungen und nicht allzuvielen Arten zusammen. Bei den meisten der angebotenen Tiere handelt es sich um Kreuzungsprodukte.
Helleris, Guppys und Platys sind, besonders für den Anfänger, die

bekanntesten und interessantesten Aquarienfische. Nicht nur weil sie lebende Junge zur Welt bringen, sondern auch wegen ihrer Anpassungsfähigkeit.
Die Poeciliinen stammen aus der Neuen Welt. Von den südlichen USA über Mittelamerika (einschließlich der Karibischen Inseln) bis zum nördlichen Argentinien reicht ihre Verbreitung. Dort bevölkern sie ruhige und mit reichlichem Pflanzenbestand bewachsene Gewässer. Im Aquarium bieten wir den Fischen reichlich abgestandenes Wasser, das nicht zu weich sein soll. Einige Arten, die aus den Mündungsgebieten von Süßgewässern ins Meer stammen, brauchen einen Salzzusatz.
Die Geschlechter lassen sich bei Fischen dieser Unterfamilie sehr leicht unterscheiden. Die meisten Männchen haben besonders prächtig gefärbte Schwanzflossen *(Poecilia reticulata)*, sehr hohe Rückenflossen *(Poecilia latipinna* und *P. velifera)*, eine durch ein »Schwert« verlängerte Schwanzflosse und tragen als besonderes Merkmal ihr Begattungsorgan (Gonopodium) gut sichtbar unter dem Körper.
Dieses Gonopodium finden wir nur bei den Lebendgebärenden, wozu auch die Halbschnäbler (die zu einer eigenen Familie zählen) als bekannte Aquarienfische gehören. Bei diesen Arten müssen die Männchen die weiblichen Tiere im Körperinnern befruchten. Die Weibchen haben die Möglichkeit, die Samen im Körper zu speichern, so daß sie noch lange Zeit nach dem Zusammenleben mit einem Männchen Junge gebären können.

Poecilia reticulata, Zuchtform mit blauem Fächerschwanz

Wir glaubten früher an eine Geschlechtsumwandlung bei lebendgebärenden Arten. In der Zwischenzeit gab es aber Veröffentlichungen wissenschaftlicher Arbeiten, nach denen bestimmte plumpe Tiere mit hohem Rücken (und somit weiblichem Aussehen) keine Weibchen sind. Sie lassen sich lediglich Zeit, ihre männlichen Merkmale auszubilden, und werden damit erst später fortpflanzungsfähig. Man spricht hier von »Spätmännchen«. Im Gegensatz dazu nennt man die schlanken, maskulinen Tiere mit dem flachen Rücken »Frühmännchen«.
Da Männchen verschiedener Arten zum Teil sehr ähnlich gebaute Gonopodien besitzen, sind sie auch in der Lage, sich mit Weibchen solcher Arten zu kreuzen. Viele Aquarianer kennen das aus Erfahrung: Zuerst wurden einige Tiere verschiedener Gattungen aus reinen Stämmen ins Becken gesetzt, vielleicht kommen noch dritte Arten dazu, und schon nach einigen Monaten schwimmen muntere kleine Bastarde durch das Aquarium.
Nun gibt es aber auch Züchter, die diese Kreuzungswilligkeit der Tiere für ihre züchterischen Zwecke in Anspruch nehmen. Aus solchen Kreuzungen erhalten wir dann so wunderschöne neue Varianten wie Wagtail-, Mond-

Poecilia velifera, Zuchtform

schein- oder Papageien-Platys, um nur einige besonders bekannte zu nennen.
Überhaupt ist das Herauszüchten von Flossenverlängerungen und -vergößerungen bei Lebendgebärenden Zahnkarpfen sehr beliebt. Fast jede bekannte Art hat ihre Zuchtformen. So kennen wir zum Beispiel den Simpson-Helleri mit seiner fahnenartig ausgezogenen Rückenflosse, die verschiedenen Lyratail-Formen beim Molly und Helleri und vor allem das Herauszüchten unterschiedlichster Formen der Rücken- und Schwanzflossen beim Guppy.
Dieser berühmteste aller Aquarienfische hat eine große Vergangenheit. Schon 1859 beschrieb PETERS das Fischlein als *Poecilia reticulata.* Den volkstümlichen Namen »Guppy« erhielt der Fisch zu Ehren seines Entdekkers, des Reverend Robert J. L. Guppy in einer weiteren Beschreibung: *»Giardinus guppyi«.* Seinen Namen *Poecilia reticulata* hat der Fisch nach einigen Mißverständnissen wiederbekommen. Der volkstümliche Name Guppy blieb ihm ebenso in der ganzen Welt erhalten.
Die Gattung *Mollienesia* wurde inzwischen eingezogen und die zugehörigen Arten zur Gattung *Poecilia* gestellt, so daß die »Mollies« jetzt eigentlich unter falschem Namen segeln. Wir kennen unter ihnen den Segelkärpfling *(P. velifera)* mit einem herausgezüchteten Lyratail. Ferner den Black Molly, den man als Zuchtprodukt mit und ohne Lyratail kaufen kann, und den Breitflossenkärpfling *(P. latipinna).* Die

Xiphophorus variatus,
»Pinselschwanzplaty«

Xiphophorus variatus,
»Hawaiivariatus«

Tiere dieser Gattung stammen alle aus dem Gebiet der südlichen USA bis hinunter nach Yukatán in Mexiko. Sie kommen dort in versalzten Fußmündungen vor. Ihre Größe wird oft mit maximal 12 cm angegeben, doch erreichen die Tiere in großen Aquarien höchstens ¾ dieser Größe.
Mollies sind recht wärmebedürftig. Bei Temperaturen um 26° C oder etwas darüber fühlen sie sich erst richtig wohl. Meistens werden die Fische mit vielen anderen Lebendgebärenden vergesellschaftet. Da sie nicht allzu ruppig sind, ist das gut möglich. Mollies setzt man in reichlich bepflanzte und gut beleuchtete Aquarien, die nicht zu klein sein sollen. Sie stellen keine Ansprüche an die Wasserbeschaffenheit. Ein leichter Salzzusatz erhöht ihr Wohlbefinden. Gerade die großflossigen Arten, wie der Segelkärpfling, brauchen eine Angleichung an heimische Wasserbeschaffenheit sowie die Möglichkeit, sich auszuschwimmen. Ohne einen ausreichenden Schwimmraum wird sich die wunderschöne Segelflosse bei den Männchen nicht bilden. Diese Art wird tatsächlich unter einigermaßen idealen Umständen bis zu 12 cm groß.
Ähnlich beliebt ist der Platy oder Spiegelkärpfling *(Xiphophorus maculatus),* der neben seinem Verwandten, dem Veränderlichen Spiegelkärpfling *(X. variatus),* viele unserer Aquarien bevölkert. Für diese Art wie auch für den später besprochenen Helleri trifft das in der Familienbesprechung Gesagte zu: Die Tiere besitzen ähnlich gebaute Gonopodien und paaren sich untereinander. Aus einer Vermischung dieser beiden Rassen entstammen die meisten Bastarde, die in Gesellschaftsaquarien umherschwimmen.
Die lebhaften und friedlichen Platys stammen ebenfalls aus dem weiten Gebiet um Mittelamerika. Sie werden bis zu 10 cm groß, bleiben aber im Heimaquarium meist etwas kleiner. Sie lieben eine gelegentliche pflanzliche Beikost, weshalb das Becken reichlich bepflanzt werden kann. Die Fische können einen guten

Xiphophorus helleri, Zuchtform mit Lyratail. Man beachte das mit den Flossen ebenfalls vergrößerte Gonopodium, das sich für eine Begattung kaum noch eignen dürfte

Appetit entwickeln. Besonders Mückenlarven sind bei ihnen beliebt. Natürlich werden auch andere Futtertiere genommen. Sogar Trockenfutter ist für diese Arten ein Leckerbissen.
Schwertträger *(Xiphophorus helleri)* bringen all das mit, was der Durchschnittsaquarianer von seinen Pfleglingen verlangt: Eine kräftige Farbe (meist rot), einen besonderen Schmuck (das »Schwert« der Männchen), Anspruchslosigkeit (frißt alles, lebt in fast jedem Wasser, nur in ganz weichem nicht) und Ausdauer, gepaart mit Produktivität (lebt lange und sorgt für viele Nachkommen).
Mit diesen Fischen im Aquarium kann sich jeder Aquarienfreund als Züchter versuchen. Der bis zu 12 cm groß werdende Fisch (Männchen bleiben ohne Schwert bis zu einem Drittel kleiner) stammt aus Mittelamerika, wo man die Tiere in Mexiko und Guatemala gefunden hat. Heutzutage dürften Schwertträger wohl kaum noch als Wildfänge in unsere Aquarien gelangen. Das ist eher bei Züchtereien in Florida der Fall, die auch immer wieder mit neuen Zuchtformen überraschen. So kam vor Jahren nach dem Wagtail-Helleri der Simpson-Helleri auf den Markt.
Schwertträger lassen sich ausgezeichnet vergesellschaften, da sie friedlich gegenüber anderen Fischen und auch zu ihren Artgenossen sind. Lediglich manche Männchen streiten sich gern.
Ein Becken, in dem Schwertträger auf Dauer gepflegt werden, darf nicht zu klein sein. Eine Länge von 60 cm kann man als untere Grenze ansehen. Das Aquarium wird mit einem dichten Pflanzenbewuchs in den Randzonen ausgestattet. Der Schwimmraum in der Beckenmitte kann durch einige Steine und Wurzelstücke aufgegliedert werden. Die Helleris gedeihen in mittelhartem Wasser besser als in weichem. Bei einer Temperatur zwischen 22 und 25 ° C entwickeln sie ihr ganzes Temperament. Es schadet den Tieren nicht, wenn ab und zu die Aquarientemperatur einmal kurz um einige Grade abfällt.
Die Quantität eines Wurfs hängt oft von der Größe des Weibchens ab. Kleine Weibchen sind daher nicht die idealen Zuchttiere. Große und einigermaßen ausgewachsene weibliche Tiere bringen oft 100 und mehr lebende Junge zur Welt. Meist genügt nur ein aktives Männchen, um eine ganze Anzahl von Weibchen zu befruchten. Da diese Befruchtung auch »auf Vorrat« geschehen kann (siehe Familienbeschreibung), kommt es dem Züchter mehr auf die produktiven Weibchen als auf die aktiven Männchen an.
Werden die Jungen als zufälliges Zuchtprodukt in einem Gesellschaftsbecken geboren, so ist vom Pfleger dafür Sorge zu tragen, daß genügend Verstecke für die Jungfische in Form von feingliedrigen und bodenbedeckenden Pflanzen (Lebermoos und bestimmte *Cryptocoryne*-Arten) vorhanden sind.
Da in Durchschnittsaquarien meist Lebendgebärende zusammen mit Skalaren gehalten werden, können von einem Wurf nur wenige Jungfische überleben, weil die Buntbarsche eine ausgesprochene Jagd auf dieses für sie so wohlschmeckende Lebendfutter machen.
Über den Guppy *(Poecilia reticulata)* wurde schon viel geschrieben. Die aus dem nördlichen

Südamerika sowie Mittelamerika und den Karibischen Inseln stammende Art ist durch viele Kreuzungen untereinander zu wahren Superfischen herangezüchtet worden. Guppy-Vereinigungen in der ganzen Welt haben diese Hochzuchten gefördert und eigene Regeln aufgestellt.
Wer sich mit der Guppyzucht vertraut machen will und die Regeln kennenlernen möchte, der wende sich an die monatlich erscheinenden aquaristischen Magazine, die die Anschrift der Deutschen Guppy-Gesellschaft gern mitteilen.
Die Haltung der Guppys im Gesellschaftsaquarium ist unproblematisch, da die Tiere kaum Ansprüche stellen. Die Geschlechter lassen sich schon bei relativ jungen Tieren einfach unterscheiden: Männchen sind von kleiner, schlanker Gestalt und mit beginnender Geschlechtsreife durch attraktive bunte Flossen geschmückt. Die Weibchen dagegen haben einen wesentlich größeren Leibesumfang. Sie werden auch in der Gesamtlänge fast doppelt so groß wie die Männchen. Ihre Färbung ist eintönig grau mit gelegentlichem blauem oder grünem Schimmer auf den Schuppen. Das Becken, in dem Guppys gepflegt werden, soll mit einer dichten Randbepflanzung ausgestattet sein.
Wer die Tiere mit Skalaren oder anderen stets hungrigen Fischen (z. B. Barben) vergesellschaftet und den Jungtieren eine Überlebenschance geben will, der soll den Kleinen Schutz bieten, wie bei den Helleris besprochen.

Regenbogenfische

Das erst in den letzten Jahren wieder zugenommene Interesse an diesen schönen Fischen ist allein auf die Aktivitäten einzelner weniger Aquarianer zurückzuführen. Regenbogenfische sind in der Familie Melanotaeniidae zusammengefaßt. Ihre Haltung und Vermehrung hat – gemessen an anderen Zierfischen – eine Reihe von Vorteilen, wie man noch sehen wird. Der Nachteil dieser Fische ist, daß Jungtiere erst relativ spät ihre schönen, kräftigen Farben erreichen, dann allerdings für den Rest ihres langen Lebens.
Die Familie ist in rund ein Dutzend Gattungen aufgeteilt, und es werden – bedingt durch Neubeschreibungen – der Gattungen und Arten immer mehr. Der Grund dafür ist in der Tatsache zu sehen, daß es heute bessere Möglichkeiten gibt, die zerklüfteten oder sumpfigen und daher oft nur schwer zugänglichen Lebensräume dieser Fische im Norden Australiens und auf der großen Insel Neuguinea zu besuchen. Besonders auf Neuguinea sind Untersuchungen der Gewässer nicht einfach. Die Insel ist aufgeteilt in den zu Indonesien gehörenden Westteil Irian Jaya oder Westirian und den im Osten gelegenen Staat Papua-Niugini (Papua-Neuguinea). Das Wasser in den natürlichen Lebensräumen ist – soweit ich es feststellen konnte – immer sehr weich und mehr oder weniger sauer. Die früheren Forderungen nach Salzzusätzen sind somit überholt.
Von Gattungen kleinbleibender Fische sind die wichtigsten *Iriatherina, Popondichthys* und *Pseudomugil.* Demgegenüber werden die Arten der Gattungen *Glossolepis* und *Melanotaenia* gut doppelt so groß.
Regenbogenfische mögen geräumige, lichtdurchflutete Aquarien, in denen es viele feinfiedrige Pflanzen gibt. Ruppige Mitbewohner schätzen sie nicht; so haben Buntbarsche in einem Regenbogenfischbecken nichts zu suchen. Beide sind auch in ihrem natürlichen Lebensraum weder Nachbarn noch Mitbewohner. Leider konnten die Menschen es nicht lassen, auch den Lebensraum der Regenbogenfische mit afrikanischen Tilapien zu verseuchen, weshalb die Existenz der friedfertigen Melanotaeniiden in einigen Gebieten bereits gefährdet ist.
Regenbogenfische gehören zu den Dauerlaichern. Ihre Nach-

Glossolepis incisus, junges noch recht hell gefärbtes Männchen

Melanotaenia maccullochi

Chilatherina bleheri

Melanotaenia exquisita

Melanotaenia herbertaxelrodi

Melanotaenia affinis stammt von der nördlichen Region von Papua/Neuguinea. Das hier abgebildete Tier stammt aus einer Population aus dem Pagwi River

kommen sind klein – oft so winzig, daß man freigeschwommene Jungfische mit bloßem Auge erst nach längerem Suchen entdeckt. Sie wären eine gern gesehene Nahrung für andere Fische, wie etwa kleine Salmler, Barben usw. Von den Eltern und Familienverwandten werden die Jungen dagegen nur selten behelligt. Eine gute Bepflanzung hilft daher, den heranwachsenden, nicht besonders anspruchsvollen Jungen eine ausreichende Deckung zu bieten. Neben dem kleinen Prachtflossenwunder *Iriatherina werneri*, dessen Vertreter wir aus dem Süden Neuguineas wie dem Norden des australischen Cape York kennen, werden von den kleinerbleibenden Tieren der Gattungen *Popondichthys* gelegentlich beide Arten, *P. conniae* und *P. furcatus*, angeboten. Von *Pseudomugil* kommt meist *P. signifer* in den Handel.

Neben dem altbekannten – bei den Männchen lachsroten – *Glossolepis incisus* kann man gelegentlich auch blaugrüne Nachzuchttiere von *G. wanamensis* erwerben, bei deren Männchen die Afterflosse meist segelartig verbreitert ist.

Melanotaenia maccullochi ist ein altbekannter Aquarienfisch dieser Gattung. *M. boesemani, M. bleheri, M. exquisita, M. herbertaxelrodi, M. lacustris, M. trifasciata* sowie *M. splendida* und *M. affinis* sind die Namen einiger weiterer Importarten, deren Nachzuchten man immer häufiger im Handel antrifft. Von der letztgenannten ist es besonders eine Variante aus dem Pagwi-Fluß, die mit ihren beiden roten Längsbinden in der hinteren Körperhälfte aquaristische Karriere macht.

Da sich Regenbogenfische, wenn die erwähnten Voraussetzungen stimmen, kinderleicht und praktisch ohne besonderes Zutun des Pflegers vermehren lassen, sollten sich besonders auch die Freunde größerer Pflanzenbecken einmal mit der Pflege dieser schönen und anspruchslosen Fische anfreunden. Während die kleineren Arten eine Länge zwischen 3 und 5 cm erreichen, können die größeren in mehreren Jahren 10–14 cm lang werden. Die Tiere leben am liebsten im Schwarm!

Nander- und Blaubarsche

Nanderbarsche sind schwerpunktartig über einzelne Zonen unserer Erde verstreut. Dabei handelt es sich um die letzten Gruppen einer einstmals weit verbreiteten Familie. Bei dieser Familie finden die Vertreter der These, daß die beiden Kontinente Südamerika und Afrika in früheren Zeiten einmal zusammengefügt gewesen sein sollen, neue Nahrung. Die jeweils auf diesen Kontinenten beheimateten Arten leben nämlich nur in den Gebieten, in denen sich diese beiden Erdteile einst berührt haben müssen: Im nordöstlichen Südamerika und in der westlichen tiefen Einbuchtung, die der afrikanische Kontinent aufweist.
Des weiteren sind die Nanderbarsche (Nandidae) auch noch in Südostasien verbreitet. Die klein bleibenden Arten mit dem meist tief eingeschnittenen Maul sind Raubfische von erstaunlicher Gefräßigkeit. Sie überwältigen und verschlingen Futtertiere von 70–80 % ihrer eigenen Körperlänge.
Der Südamerikanische Vielstachler *(Polycentrus schomburgki)* entspricht der in der Familienbesprechung angegebenen Verhaltensweise der meisten Nanderbarsche. Er hält sich im allgemeinen zwischen den Pflanzen auf, bis er mit plötzlichem Zustoß seine Beute packt. Die bis höchstens 10 cm groß werdenden Fische stammen aus den Gebieten Venezuela, Guyana und der Insel Trinidad. Die Tarnfärbung kommt den Tieren zustatten, wenn sie im Pflanzendickicht auf ihre Beute lauern. Ihr stark verstülpbares Maul erleichtert ihnen beim blitzschnellen Vorstoß und anschließenden Zupacken das Erfassen des Beutetieres. Sie erinnern dabei etwas an den südamerikanischen Blattfisch *(Monocirrhus polyacanthus)*, der ja über ähnliches Anpassungsvermögen verfügt und seine Beute in der gleichen Weise überfällt. Auch er gehört zu den Nanderbarschen und wird nur bis zu 8 cm groß.
Beide Arten bevorzugen sehr weiches und leicht saures Wasser, wobei die Werte für die letztgenannte Art noch unter denen des Südamerikanischen Vielstachlers liegen können.
Man hält die Tiere nie in Gemeinschaftsbecken, sondern in Artenbecken, wobei aber immer auf das Vorhandensein vieler Verstecke geachtet werden muß. Kein zu helles Licht! Am liebsten erbeuten die Tiere kleine Fische, doch kann man sie auch an die Annahme von Herz- und Leberstücken gewöhnen.
Blaubarsche bilden eine Unterfamilie der vorher genannten Nanderbarsche. Im Habitus erinnern die Tiere ein wenig an die Zwergbuntbarsche Südamerikas. Zum Wohlbefinden benötigen sie ebenfalls Höhlen. Es ist relativ einfach, die 6–8 cm langen Fischchen zur Fortpflanzung zu bringen. Man benötigt dazu ein kleines, etwa 40 cm langes bepflanztes Aquarium und gesellt darin einem Männchen ein oder mehrere Weibchen zu. Pflegt man in einem Becken dieser Größe mehrere Männchen, kommt es früher

Badis badis burmanicus aus dem heutigen Birma

oder später zum Verdrängungskampf, den nur ein Tier gewinnen kann. Es wurden mehrere Unterarten beschrieben: *Badis badis badis* aus Indien, *Badis badis burmanicus* aus Birma (im englischen Sprachgebrauch Burma genannt) und *Badis badis siamensis* vom südlichen Thailand (Siam).
Beste Lebensbedingungen finden die Tiere in Wasser von ungefähr 10 bis 15 ° dH und einer Temperatur von 26–28 ° C. Verstecke sind lebenswichtig, weil anderenfalls eine Streßsituation die Tiere hemmt. Ebenso soll das Aquarium nur mäßig beleuchtet sein.
Die kleinen Asiaten nehmen ausschließlich fleischliche Kost, ob als Lebend- oder Tiefkühlfutter. Die Annahme von Trockenfutter verweigern sie.
Männchen sind an der leicht eingefallenen Bauchpartie und der intensiveren Färbung zu erkennen. Das Männchen bereitet in der Höhle eine Laichgrube vor, indem es ihm nicht genehmen Bodengrund einfach aus dem Höhleneingang hinauswedelt. Kommt das Weibchen dazu, setzt es Prügel. Erst wenn diese Vorbereitungen voll abgeschlossen sind, läßt der Pascha mit sich über weitere Folgen »reden«.
Abgelaicht wird in der Höhle, und die Betreuung der Brut obliegt ausschließlich dem Männchen! Das Weibchen kann man somit schonen und nach Abschluß des Laichaktes aus dem Becken nehmen. Es kann im Schnitt zwischen 60 und 100 Nachkommen geben. Die Aufzucht der Kleinen gelingt in der Regel problemlos.

Buntbarsche oder Cichliden

Welcher Aquarianer kennt sie nicht, die intelligenten Bewohner Afrikas, Madagaskars, Südasiens sowie Mittel- und Südamerikas?! Ob es der majestätische Skalar ist, der königliche Diskus, ob es die oft bunten kleinen Zwergcichliden Südamerikas und Westafrikas sind, die bunten, korallenfischähnlichen gefärbten Bewohner des Malawisees oder ihre ebenso beliebten Verwandten aus dem Tanganjikasee. In ihrer aquaristischen Pflege gibt es fortlaufend gewisse Trends, bei denen einmal die eine, ein anderes Mal die andere Gruppe in der Beliebtheit die Nase vorn hat.
Nicht alle Cichliden haben einen guten Ruf, denn unter ihnen gibt es Vertreter friedfertiger (»lieber«) und ruppiger (»böser«) Arten. Nur derjenige, der sich vor der Anschaffung über die Pflegeansprüche der Fische informiert, kann ihnen die gemäße Umgebung und Gesellschaft im Aquarium bieten. Wenn man Fischen nachsagt, daß sie einen guten oder schlechten Ruf hätten, so muß man diese Art der Qualifikation wohl in geänderter Form eher dem Betreiber des Aquariums unterschieben, wenn er zum Beispiel größere fischfressende Cichliden mit kleinen und relativ wehrlosen Mitbewohnern zusammen in ein Aquarium setzt.
Natürlich legen die Buntbarsche ihr angeborenes Verhalten im Aquarium nicht ab. Wer sie sich anschafft, muß das wissen; doch sind sie nicht alle so »antiaquaristisch«. Wichtig ist es, einen solchen Raufbold nicht in ein friedliches Gesellschaftsaquarium einzuquartieren. Wenn es Tumulte gibt, darf man nicht den Buntbarschen die Schuld daran geben, sondern dem Pfleger.
Man kann die Buntbarsche in mehrere Gruppen unterteilen. Da wären erstens die Afrikaner zu nennen, denen man die wenigen aquaristisch wichtigen Arten Südasiens (2) und der Insel Madagaskar (1) zurechnet. Ost- und Westafrikaner lassen sich in vielen Fällen ebenso auseinanderhalten wie die Buntbarsche aus den großen zentralafrikanischen Seen. Zu den wenigen Asiaten gehören die Vertreter von *Etroplus maculatus* und *E. suratensis.* Von Madagaskar kamen erst in letzter Zeit einige Importe des schwarz gefärbten und mit weißen Tüpfeln versehenen *Paratilapia polleni* zu uns.
Bis Anfang der 60er Jahre noch stellten die Vertreter aus dem südamerikanischen Kontinent den überwiegenden Anteil der Buntbarsche. Durch die neu auf den Markt gebrachten afrikanischen Arten kann sich das Bild bald zugunsten der Afrikaner ändern. Trotzdem sind uns die amerikanischen Buntbarsche alte Vertraute, und wer Buntbarsche besonders schätzt, wird auf diese wunderschönen Fische nicht verzichten wollen.
Zu den bekanntesten Gattungen zählen die *Aequidens, Apistogram-*

ma, Astronotus, Chichlasoma, Crenicara, Geophagus, Herichthys, Nannacara, Pterophyllum und *Symphysodon*. Einige Wissenschaftler haben in letzter Zeit diese Gattungen überarbeitet und die Nomenklatur dabei zwangsläufig geändert. Es wird aber sicher einige Zeit dauern, bis sich die neuen oder auch wiedereingeführten Gattungs- und Artnamen beim Handel und den Aquarienfreunden durchgesetzt haben. Der Leser wird mit ihnen im Verlaufe des folgenden Textes Bekanntschaft machen.

Aequidens pulcher, Männchen in Brutstimmung

Die meist größeren Buntbarsche aus den Gewässern Mittelamerikas haben eine kurze, stürmische aquaristische Blüte hinter sich. Sie hat dazu geführt, daß sich die Aquarianer mit den Namen und den Vertretern vieler Arten, die sie vorher nur auf dem Papier kannten, auch im Aquarium vertraut machen konnten. Leider haben Größe und Fortpflanzung dieser farblich oft sehr schönen Fische den Nachteil, daß die Rate dieser Offenbrüter recht hoch ist, so daß der Markt zuweilen von Jungfischangeboten überschwemmt wird – aber auch in der Aquaristik gilt der Spruch: »Erst wenn Dinge selten sind, haben sie Gewicht!«
Afrikanische Cichliden haben in den letzten Jahren nicht nur eine teilweise Wiedergeburt erfahren, es hat auch bei Gattungen und Arten eine Fülle von Neubeschreibungen gegeben. Dazu wurden einige zwar wissenschaftlich beschriebene, aber bisher aquaristisch unbekannt gebliebene Arten der Aquaristik zugänglich gemacht. Hinzu kommt eine Fülle von Revisionen. So wurden allein mit der Arbeit von ECCLES & TREWAVAS (1989) für die Haplochrominen des Malawisees mehr als 20 neue Gattungen geschaffen. Die Entdeckungen gehen dank neuer Tauch- und Fangmethoden auch in anderen Teilen weiter. Ich denke dabei neben dem Tanganjikasee auch an Seen in Westafrika (Lac Barombi-Mbo, Lac Fwa, Lac Bemin usw.).
Die meisten Buntbarsche lassen sich relativ gut zur Nachzucht bringen, und wenn es einmal nicht so einfach ist, so regt das viele Züchter zur besonderen Anstrengung an, die Ursachen für diese Hindernisse aufzuspüren und zu überwinden. Die einschlägige Industrie kann gelegentlich auch mit speziell entwickelten Geräten behilflich sein.
Das interessante Fortpflanzungsverhalten der Cichliden ist wohl auch einer der Gründe für die Beliebtheit dieser Fische. Wir begegnen aber innerhalb dieser großen Familie sehr unterschiedlichem Fürsorgeverhalten an den Jungtieren. Wir kennen Elternfamilien, bei denen Vater und Mutter die Brutpflege gemeinsam ausüben. Andererseits gibt es Vater- oder Mutterfamilien, in denen sich nur ein Elternteil mit der Brutpflege befaßt.
Schließlich haben wir es noch mit den Maulbrütern zu tun; sie zeigen ein Brutverhalten, das manchem Beschauer eigentümlich und fremdartig vorkommen muß. Bei dieser Art der Brutpflege nimmt ein Elternteil, meist ist es die Mutter, die abgelegten Eier ins Maul und hält sie so lange darin, bis die Nachkommen schwimmbereit sind. Das Maul des Elterntieres dient den Jungen noch eine Zeitlang als Versteck. Bei nahender Gefahr kehren die sonst frei um das Alttier schwimmenden Jungen auf ein Signal hin blitzschnell wieder zurück.
Viel ist schon über die Art berichtet worden, nach der die Diskusfische ihre Jungen aufziehen. Man nennt sie deshalb »Säugefische«, weil die Jungen sich

nach dem Schlüpfen (Substratlaicher) nahe am Körper der Eltern halten. Sie leben in diesen ersten Lebenstagen von einem Hautsekret, das sie vom Körper der Alttiere »abweiden«.
Alle Buntbarsche sind Revierfische. Die Haltung der verschiedenen Arten macht oft einige Schwierigkeiten, weil die geschlechtsreifen Männchen Reviere bilden und sich dabei erbitterte Kämpfe leisten. Aus diesem Grund ist das Verhaltensstudium bestimmter Arten wichtig, bevor man diese Tiere anschafft.
Einer der alten Bekannten unter den Buntbarschen ist der Blaupunktbuntbarsch *Aequidens pulcher*. Der Südamerikaner ist im Gebiet von Kolumbien beheimatet und wird bis zu 15 cm groß. Er zählt zu den friedlichen Arten unter den Cichliden. Daher beansprucht er auch keine allzu großen Becken (Mindestlänge 60–80 cm).
Die Buntbarsche benötigen Versteckmöglichkeiten, die ihrer robusten Art angepaßt sind. Dazu kommen Pflanzen mit starken Blättern. Das nicht zu harte Aquariumwasser soll eine Temperatur von etwa 24° C haben und ist in nicht zu großen Abständen zu einem Drittel durch Frischwasser auszutauschen.
Blaupunktbuntbarsche fressen das meiste, das ihnen angeboten wird: Lebendfutter, Trockenfutter sowie gefriergetrocknete und tiefgekühlte Nahrung.
Aequidens pulcher, den viele ältere Aquarianer als *A. latifrons* kennen, ist im Geschlecht kaum zu unterscheiden. Wenn die Tiere in

Aequidens biseriatus

Microgeophagus ramirezi

Laichstimmung sind und in einem Gesellschaftsbecken leben, so muß man sie zumindest von kleineren Fischen trennen, weil das Revierbewußtsein der Barsche den kleineren bald den Garaus machen würde. Meist laichen die Tiere an Steinen und nur selten an Pflanzen. Sie gehören zur Elternfamilie, da sich Männchen und Weibchen in der Pflege der Jungfische ablösen. Unter günstigen Bedingungen sind Alttiere schon nach wenigen Wochen erneut zur Zucht neuer Nachkommen bereit. In einem solchen Fall muß man die Jungen des letzten Wurfes rechtzeitig aus dem Becken fangen, da sie nicht nur als Konkurrenten, sondern als Feinde angesehen und bekämpft werden.
Eine weitere *Aequidens*-Art, von der in letzter Zeit Tiere eingeführt wurden, ist *A. biseriatus*, ein naher Verwandter des Blaupunktbuntbarsches. Auch diese Fische stammen aus Kolumbien, leben jedoch im relativ isolierten Gebiet des Chocó, das auf der nach Westen hin abfallenden Seite der Anden liegt.

Bleiben wir im Norden Südamerikas, so muß man an einen der bekanntesten Cichliden unter den Aquarienfischen denken, der heute unter seinem neuen Gattungsnamen *Microgeophagus ramirezi* zu führen ist, nachdem dieser als der ältere Priorität vor *Papiliochromis* hat. Der »Schmetterlingsbuntbarsch«, wie er auch genannt wird, ist von Kolumbiens Osten, dem Oriente, über Venezuelas Westen (Apure) verbreitet und konnte von mir im Jahre 1991/2 sogar in brillanten Farben im Orinoco-Delta, also an der atlantischen Seite Südamerikas entdeckt werden.
Wenngleich dieser kleine Buntbarsch ein anderes Fortpflanzungsverhalten an den Tag legt (er ist Offenbrüter), wird er von vielen Aquarianern wegen seiner Größe von selten mehr als 6 cm zu den Zwergbuntbarschen gerechnet, einer Gruppierung, in der in Südamerika die Vertreter der Gattung *Apistogramma* (Höhlenbrüter) dominieren.
Zwergbuntbarsche mögen kein hartes Wasser. Es soll daher 10° dH nicht übersteigen. Die

Haltetemperatur soll um 24° C liegen, bei der Zucht etwas darüber. Wichtig ist ein saurer pH-Wert, der durch eine Torffilterung zu erreichen ist. Je nach Ausgangswasser (Leitungswasser) muß der Säureeintrag mehr oder weniger stark sein. Ein häufiger Frischwasserzusatz bzw. -austausch bekommt den Tieren ausgezeichnet.

Viele Zwergbuntbarsche sind empfindliche Pfleglinge, da sie gegenüber ihren robusteren großen Verwandten höhere Ansprüche stellen und beispielsweise Chemikalien im Wasser gar nicht gut vertragen.

Die Vertreter der Gattung *Apistogramma* leben in der Natur recht versteckt in höhlenartigen Unterschlupfen. Im Aquarium bieten wir ihnen deshalb Wurzelverstecke an, aber auch übereinandergelegte Steine. Die Beckenrandbepflanzung soll ziemlich dicht sein. In der Beckenmitte bleibt ein freier Schwimmraum, der durch einen oder zwei Wurzelholzäste aufgegliedert wird. Allesfresser.

Für die Zucht ist es wichtig, ein harmonierendes Paar zu finden. Die Geschlechter lassen sich gut unterscheiden, da die Männchen etwas größer sind, schönere Farben und ausgezogenere Beflossungen haben. Im allgemeinen wird der Laich nach vorausgegangenem peinlich genauem Reinigen des Substrates in Höhlungen abgelegt. Beim *M. ramirezi* übernehmen beide Elternteile die Brutpflege (Elternfamilie); bei den meisten übrigen Arten ist dies eine Sache der weiblichen Tiere (Mutterfamilie). Nach 3 bis

Apistogramma trifasciata

Apistogramma gibbiceps

Apistogramma nijsseni

Apistogramma macmasteri

Apistogramma cacatuoides

4 Tagen schlüpfen die Jungfische und werden von den pflegenden Tieren umgebettet. Artemia- und Cyclopsnauplien, fein gehackte Enchyträen und Tubifex sowie Staubfutter kann man anbieten.
Neben so altbekannten Arten wie *Apistogramma agassizii, A. bitaeniata, A. borellii, A. cacatuoides* und *A. trifasciata,* von denen man beinahe ständig Tiere im Handel erwerben kann, hat es in den letzten Jahren eine Reihe neu eingeführter wie auch neu beschriebener Arten gegeben, deren Vertreter eine Zierde in jedem Aquarium sind. Es sind Arten wie *A. gibbiceps, A. nijsseni, A. macmasteri* oder auch der farblich ähnliche *A. viejita.*
Eine weitere Zwergcichlidengruppe hat eine Änderung erfahren: *Crenicara.* Bei der Gattung verblieben ist der Typus *C. punctulatum* sowie die erst kürzlich beschriebene, aber sehr ähnliche Art *C. latruncularium.* Zwei früher zur Gattung gerechnete Arten wurden in die Gattung *Dicrossus* überstellt, so daß sie jetzt *D. filamentosus* und *D. maculatus* heißen.
Unter den allgemein recht groß werdenden Buntbarschen Mittelamerikas gibt es die in der Sektion *Thorichthys* zusammengefaßten »Glitzercichliden«, von denen neben dem altbekannten *Cichlasoma meeki* gelegentlich weitere verwandte Arten wie *C. aureum, C. helleri* oder *C. socolofi* im Handel angeboten werden. Sie alle stammen aus dem Süden Mexikos und sind bis nach Guatemala hinein verbreitet. Sie werden 12–14 cm lang.

Dicrossus maculatus

Der erwähnte Feuermaulbuntbarsch *(Cichlasoma meeki)* macht seinem Namen dann alle Ehre, wenn die Tiere in Imponierhaltung die Kiemendeckel spreizen und gleichzeitig den Mundboden senken. Es entsteht ein roter Fächer, wie er in der Fischwelt seinesgleichen sucht.
Die Pflege der Tiere ist nicht schwierig. Man sollte diesen Anfängerfischen eine Mindestbekkenlänge von 80 cm geben. Wie viele ihrer Verwandten, wühlen auch die Meekis gern den Boden einmal durch. Ein Bodengrund aus mittelfeinem Sand, den man mit feinkörnigem Kies mischt, ist daher sehr geeignet. Die Stein- und Wurzelaufbauten müssen solide miteinander verbunden sein und fest auf dem Boden aufliegen, damit sie nicht eines Tages einstürzen. Die Tiere stellen keine besonderen Ansprüche an die Wasserverhältnisse, Temperatur 22–24 ° C. Pflanzen sollen nur den Beckenrand verschönern. Sie sind mit Steinen an den Wurzeln festzuhalten.

Gefressen wird alles Lebendfutter, Regenwürmer sowie Trockenfutter, gefriergetrocknetes und tiefgekühltes Futter.
Wer die Fische nachzüchten möchte, benötigt zuerst einmal ein gut harmonierendes Paar. Die Männchen werden meist etwas größer als die Weibchen und sind kräftiger gefärbt. Abgesonderte Paare gibt man in ein separates Zuchtbecken. Das Paar betreibt die Brutpflege gemeinsam (Elternfamilie), die wieder damit beginnt, daß das Substrat geputzt wird. Ein Gelege hat meist einen Umfang von drei- bis vierhundert Eiern. Es wird von beiden Elternteilen gut behütet und befächelt.
Nach zwei Tagen schlüpfen die Larven und werden in eine Grube umgebettet. Nach dem Freischwimmen, das etwa acht Tage darauf erfolgt, muß kräftig gefüttert werden. Artemia- und Cyclopsnauplien sowie Staubfutter in den ersten Tagen, später können die Futtertiere größer gewählt werden. Vier Wochen

Cichlasoma socolofi

dauert es, bis der Pflegetrieb der Eltern nachläßt.

Zebra- oder Grünflossenbuntbarsch *(Cichlasoma nigrofasciatum)* nennt man eine andere kleine, aber bullige Art aus Mittelamerika, die in Guatemala einige Seen bevölkert. Die Tiere werden bis zu 10 cm lang und sind ab 8 cm zuchtfähig. Das ausgewachsene Männchen trägt einen stattlichen Stirnbuckel. Die Fische lassen sich, im Gegensatz zu vielen anderen *Cichlasoma*-Arten, bedingt vergesellschaften. Dazu benötigen sie aber ein Becken, das mindestens 100 cm Länge hat. Zebrabuntbarsche wühlen gern den weichen (Sand-)Bodengrund durch. Andererseits benötigen sie Verstecke. Pflanzen lassen sie bei ihrer Buddelarbeit leider nicht immer ungeschoren, weshalb man sie in entsprechende Behälter setzen sollte. Die Tiere sind gute Fresser, die sich gelegentlich auch einmal über eine Schnecke hermachen.

Geschlechtsunterschiede lassen sich eindeutig an den spitzer zulaufenden Rücken- und Afterflossen des Männchens erkennen.

Die Temperaturen im Becken sollen nicht hoch sein (22–24° C) und können ruhig einmal bis auf 20–18° C absinken. Zur Zucht wird die Temperatur um einige Grade angehoben.

Der Sektion *Archocentrus*, zu der diese Art gestellt ist, gehören einige weitere Arten an, die ebenfalls relativ klein bleiben. Es sind *C. sajica* und *C. septemfasciatum*, deren beider Lebensraum im mittelamerikanischen Costa Rica liegt, und die etwa gleiche Voraussetzungen für Haltung und Fortpflanzung beanspruchen.

Wenn wir uns mit größer werdenden Mittelamerikanern befassen, so sind auch hier für die Aquarianer mit den großen Becken Färbung und Verhalten der Cichliden von Bedeutung.

Salvins Buntbarsch *(Cichlasoma salvini)* wird bis zu 15 cm groß und stammt aus dem südlichen Mexiko und Guatemala. Dieser Cichlide gehört, wenn man ihn in seiner Prachtfärbung während der Balz oder beim Führen der Jungen sieht, zu den schönsten seiner Familie.

Wie die meisten mittelamerikanischen Buntbarsche ist auch der Salvini nicht empfindlich gegen gelegentlich kühlere Temperaturen; doch sollten sie nie 20° C unterschreiten. Zur Zucht muß die Wassertemperatur etwa 4 bis 5° C höher eingestellt sein.

In der Zeit der Balz und während der anschließenden Aufzucht der Jungen sind die Tiere anderen Fischen gegenüber äußerst aggressiv und bissig.

Cichlasoma nigrofasciatum,
Weibchenform aus Costa Rica

Cichlasoma salvini

Von *C. salvini* unterscheidet man mehrere geographische Varianten, die sich nicht nur in der Färbung, sondern auch im (höheren oder gestreckteren) Körperbau unterscheiden. Wegen ihrer roten Bauchpartie gilt eine Variante aus dem Grenzfluß zwischen Mexiko und Guatemala, dem Rio Usumacinta, als besonders beliebt. Salvins Buntbarsch gehört der Sektion *Nandopsis* an, in der die Arten zusammengefaßt sind, deren Vertreter auch einmal in räuberischer Weise zupacken können. Man soll sie somit nur mit gleichstarken Fischen vergesellschaften.

Zu den mittelamerikanischen Cichliden mit kräftiger Rotfärbung, deren Männchen im Alter einen prächtigen Buckelkopf bekommen, gehört zweifellos eine Art der Sektion *Theraps* an: *Cichlasoma synspilus*, den man auch »Quetzalbuntbarsch« nennt, weil er ähnlich bunt (wenn auch in anderer Farbkombination) wie der sagenumwobene Wappenvogel Guatemalas ist. Die Tiere leben in vergleichbaren Biotopen wie *C. salvini* und sind in geräumigen Aquarien ab 150 cm Länge ausgezeichnete Pfleglinge. Die roten Anteile ihrer Färbung werden dann besonders intensiv, wenn man die Tiere mit »farbstützendem« Krebstierfutter ernährt. Es bedarf jedoch einiger Gewöhnung, bis sie verschiedene Arten dieser Kost (Krebsfleisch) nehmen.

Es ist nicht bekannt, ob GUENTHER, als er bereits im Jahre 1862 *Cichlasoma irregulare* beschrieb und dafür diesen Artnamen (mit der Bedeutung »unregelmäßig«)

Cichlasoma synspilus

Cichlasoma carpinte

fand, damit andeuten wollte, daß sich diese Fische mit ihrer gestreckten Körperform vom höheren Bautyp ihrer meisten Verwandten abheben. Die schönen strömungsliebenden Cichliden kommen in Mexikos äußerstem Süden vor (Grenzgebiet zu Guatemala, in Nebenflüssen des Rio Usumacinta). Sie werden zwischen 16 und 20 cm lang und brauchen entsprechend geräumige Becken. An die Qualität gesunden Wassers stellen sie keine besonderen Ansprüche.

Der Schwarzgebänderte Buntbarsch *(Cichlasoma octofasciatum)* lebt ebenfalls in Mittelamerika (Mexiko). Der bis zu 20 cm groß werdende Pflegling trägt das Artenmerkmal – seine Ruppigkeit – leider mehr und öfters zur Schau, als es seinem Besitzer lieb sein kann. Er ist gezwungen, den Tieren entgegenzukommen und ihnen eine den speziellen Bedürfnissen vieler Buntbarsche entsprechende »Wohnstube« einzurichten. Die grauen Jungtiere mit den spärlichen blauen Punkten färben sich nach und nach zu ihrer wunderschönen Endfärbung um. In seinen Ansprüchen an die Haltetemperaturen ist der Schwarzgebänderte großzügig: Ihm genügen schon 20–22 °C, und erst, wenn man die Tiere zur Zucht bringen will, soll man bis 26 °C hochgehen.

Zwei weitere Vertreter, die etwas kühleres Wasser bevorzugen, sind die Percichliden *Cichlasoma cyanoguttatum* und der sehr ähnlich gefärbte *C. carpinte*, die auch gelegentlich noch unter ihrem früheren Sektionsnamen *Herichthys* geführt werden.

Die Tiere stammen aus dem südlichen Nord- und dem nördlichen Mittelamerika. In der Natur werden sie stattliche 30 cm groß, in unseren Aquarien zwischen 10 und 20 cm. Diese als aggressiv und rauflustig beschriebenen Fische benötigen Becken, in denen sie sich austoben können. Die Behälter sollten stabil und mindestens 120 cm lang sein.

Die Wasserqualität spielt bei der Haltung nur eine untergeordnete Rolle. Man kann die Fische sogar bei normalen Zimmertemperaturen halten, jedoch nicht unter 18 °C.

Zur Zucht halten wir das Wasser auf einer Wärme um 24 ° C. Entsprechend der Größe der Tiere ist auch ihre Futterverwertung, was einen häufigen Wasserwechsel nach sich zieht. Die Fütterungsfrage ist die gleiche wie für die vorgenannte Art. Die Beckeneinrichtung sollte nur aus Steinen (große Brocken) bestehen. Für die Beckenmitte oder eine besonders ausgesuchte Stelle besorge man sich einen flachen, runden Stein von etwa 30 cm Durchmesser. Meist nehmen ihn die Tiere später als Laichsubstrat an, so kann man den Laichplatz einigermaßen vorausbestimmen. Der Bodengrund besteht aus mittelfeinem Sand, dem zu 50 % feinkörniger Kies untergemischt wird. Die Geschlechter lassen sich erst mit höherem Alter leicht feststellen, da dann die Männchen ihr prägnantes Stirnfettpolster bilden. Beim Zusammensetzen fremder Partner zu einem Paar ist Vorsicht geboten. Auch bei dieser Art ist eine Nachzucht äußerst produktiv und kann viele hundert Junge

Gymnogeophagus balzanii

umfassen. Ansonsten gilt ungefähr das vorher Gesagte in bezug auf das Ablaichen und die Aufzucht der Jungfische.
Die Vertreter der Gattungen *Geophagus, Gymnogeophagus* und *Satanoperca* unterscheiden sich in einigen wichtigen Punkten von anderen Cichliden Mittel- und Südamerikas. Wegen ihrer besonderen Art der Nahrungsaufnahme nennt man sie »Erdfresser«, ein Begriff, der sich auch in den ersten Gattungsnamen wiederfindet: *gea/geo* = Erde und *phagos* = Fresser. Es versteht sich, daß die Fische die Erde des Bodens nicht fressen, vielmehr nehmen sie sie mit dem Maul auf, kauen sie nach verwertbaren Nahrungspartikeln durch und spucken das meiste davon anschließend wieder aus.
Ein viel wichtigeres Unterscheidungsmerkmal im Vergleich mit den meisten anderen Cichlidenarten Mittel- und Südamerikas ist im Fortpflanzungsverhalten zu finden: Die in den drei erwähnten Gattungen zusammengefaßten Arten teilen sich in zwei Gruppen auf, in Substratlaicher und Maulbrüter.
Die »Teufelsangel« *Satanoperca jurupari* aus dem nördlichen Brasilien und der ähnlich gebaute *S. leucosticta* aus dem nordöstlichen Südamerika gehören zu den Maulbrütern. Ebenso *Gymnogeophagus balzanii*, der »Paraguay-Maulbrüter«, der im System des Rio Paraná südlich des Amazonas vorkommt und zu dessen System auch der Rio Paraguay gehört. Als dritte unter den bekannten Arten wäre *Geophagus steindachneri* zu nennen. Den interessanten Cichliden aus dem System des kolumbianischen Rio Magdalena nennt man wegen des roten Stirnhöckers bei den Männchen auch »Rothaubenerdfresser«.
Als letzter wäre noch *G. crassilabris* zu erwähnen. Diese Art kommt nördlich der Grenze Südamerikas vor, in einem Gebiet im Osten des Staates Panamá, das man auch Darién nennt. Die Vertreter dieser Art gelten als die am weitesten nach Norden vorgedrungenen Maulbrüter

Cichlasoma irregulare

Geophagus steindachneri

unter den Cichliden. Sie alle sind ausgezeichnete Pfleglinge, von denen man Jungtiere bereits in Becken ab 100 cm Länge pflegen kann.

Die Cichliden werden – artbedingt – zwischen 14 und 18 cm lang und benötigen mit zunehmender Länge entsprechend größere Aquarien.

Tiere von Arten, die näher am Äquator leben, brauchen eine Temperatur, die ständig um 26° C liegen soll. Nur der Paraguay-Maulbrüter verträgt es auch etwas kühler. Das Becken wird mit nicht zu leichten Steinen und Wurzelstücken ausgestattet, die den Fischen ausreichende Versteckmöglichkeiten bieten sollen. Eingesetzte Pflanzen müssen abgedeckt werden.

Das Futter besteht überwiegend aus kleineren Würmern, womit einer Tubifex(teil)fütterung nichts im Wege steht. Es werden auch andere lebende Futtertiere wie Wasserflöhe und Mückenlarven genommen.

Skalare zu beschreiben hieße, Fische zum Amazonas tragen. Sie sind die Stars unter den Aquarienfischen und zählen mit den Guppys und Schwertträgern zu den bekanntesten überhaupt.

Nun ist aber Skalar nicht gleich Skalar. Es mag mehrere Arten unter den Segelflossern geben: für die meisten Aquarianer sind nur die rein optischen Zuchtmerkmale interessant. Wir kennen neben der normalen Silberfärbung mit den schwarzen Querbinden noch marmorierte Formen, solche mit lang ausgezogenen Schleierflossen, andere, die ganz schwarz sind, sowie rein silberne mit rosa Rücken.

Skalare können eine stattliche Größe in Länge und Höhe erreichen. Man sollte sie daher nicht in Kleinaquarien einsetzen. Der Skalar *(Pterophyllum scalare)* liebt hohe Becken mit ausreichenden Pflanzen und Steinaufbauten; vor allem aber Wurzelstücke, deren Äste quer durch das Becken verlaufen können.

Obgleich man Skalare in fast jedem Wasser halten kann, bekommt ihnen weiches Wasser weitaus am besten. Die Gäste aus dem nördlichen Südamerika fühlen sich bei einer Wasserwärme um 24° C wohl, vertragen aber auch vorübergehend höhere Temperaturen. Die Tiere haben ununterbrochen Hunger, doch soll man sie nicht überfüttern. Viele können sich einen knallrunden Bauch anfressen. Neben Tubifex, Mückenlarven, Wasserflöhen, Cyclops und Enchyträen fressen Skalare auch sehr gern Jungfische oder besser Neugeborene von lebendgebärenden Mitbewohnern. Sie können zu mehreren Tieren regelrecht Jagd auf einen ganzen Wurf machen. Andererseits gibt es Arten fremder Familien, die man tunlichst nicht mit Skalaren vergesellschaften sollte. Werden einige dieser Segelflosser beispielsweise mit einem Schwarm Sumatrabarben *(Barbus tetrazona)* zusammen gehalten, so knabbern die Barben den Skalaren so lange die Flossen ab, bis von der Pracht nicht mehr viel übrig ist.

Neben dem gewöhnlichen Skalar ist noch der Hohe Segelflosser *P. altum* bekannt; er wurde in letzter Zeit häufig eingeführt. Der Hohe Segelflosser stammt aus dem Orinoco und von einigen seiner Nebenflüsse. Er ist ausgesprochen hoch gebaut. Seine Maulpartie ist nach oben gebogen, was ihr das Aussehen einer »Sattelnase« verleiht.

Bei falscher Haltung (zu enge Becken und zu wenig Verstecke) können die Tiere sehr schreckhaft werden. Über eine Nachzucht ist nichts bekannt. Geschlechtsunterschiede sind bei Segelflossern nicht leicht zu erkennen. Eher kann man die Geschlechter an ihrem Verhalten unterscheiden. Gibt es im Becken keine Störungen, so kann es vorkommen, daß die Skalare selbst in einem Gesellschaftsaquarium ablaichen. Die Alttiere hüten die Eier und später die Jungen bis zum Freischwimmen. Dann allerdings haben diese Jungen eine Menge Feinde. Wer die Kleinen großziehen möchte, muß entweder Mitbewohner oder Junge umquartieren.

Nahe verwandt mit den Skalaren sind die Diskusfische, deren Haltung mit gelegentlich auftretenden Schwierigkeiten verbunden ist. Sie brauchen sehr weiches Wasser von 1–5 ° dH mit einem pH-Wert zwischen 6,2 bis 6,6; es kann sogar noch saurer sein. Größere Probleme können die verschiedenen Krankheiten bereiten, von denen die Fische befallen werden oder deren Erreger sie schon in sich tragen. Diskusfischpfleger kennen in der Hauptsache Darmflagellaten und Kiemenwürmer, die ihren Lieblingen zu schaffen machen. Bei den ersten kennt man sie als *Hexamita* und *Spironucleus*, die einander sehr ähnlich sind. Infektionen mit dem ersten treten bei den Fischen jedoch weniger häufig auf als die zweite, und der Flagellat *Spironucleus* ist es auch, den man als Verursacher der berüchtigten Lochkrankheit kennt. Um diese Flagellaten bekämpfen zu können, benötigt man ein Antibiotikum, das der Tierarzt verschreiben muß. Es heißt »Metronidazol« und ist als weißes Pulver in 10-Gramm-Gläschen über Apotheken zu beziehen. Andere Medikamente (z. B. »Clont«) sind für die Humanmedizin entwikkelt, enthalten zu viele Füllstoffe und sind umgerechnet zu teuer. Über Einzelheiten unterrichtet MAYLAND: »Diskusfibel« (Landbuch-Verlag).

Kiemen- oder Hakenwürmer parasitieren in den Atmungsorganen der Diskusfische, den Kiemen. Hier sind es besonders die 0,1–2 mm großen Saugwürmer der Ordnung Dactylogyridea, die sich in den Kiemen ansaugen oder hier mit ihren Haken festklammern. Sie sind zwittrig und vermehren sich durch Eiabgabe. Mit dem Hautschleim der Eltern werden sie auch auf Jungfische übertragen. Mit Hilfe der (für Menschen beim Verschlucken giftigen!) Grundsubstanz Metrifonat helfen die mit Pharmaprodukten wie »Masoten«, »Nevugon« oder »Trichlorphon« angebotenen Medikamente bei der Bekämpfung. Die stark giftigen Präparate müssen im Quarantänebecken genau dosiert werden (vgl. MAYLAND, wie vor), weil eine zu hohe Gabe für die Fische tödlich sein kann.

Diskusfische, die Bewohner des Amazonas und einiger seiner Nebenflüsse, gibt es in zwei Arten: *Symphysodon discus* HECKEL, der Heckel- oder Pompadur-Diskus. Diese Art wird hauptsächlich am nördlichen Ufer des Rio Negro, unterhalb der Einmündung des Rio Branco, gefangen. Die zweite Art ist *Sym-*

Pterophyllum altum

physodon aequifasciatus, der Amazonas-Diskus. Er kommt von der Amazonasmündung stromaufwärts bis hinauf an die Grenzen Kolumbiens und Perus vor.
Den sogenannten Braunen Diskus findet man von der Amazonasmündung bis etwa im Gebiet um die Stadt Santarém. Weiter stromaufwärts nehmen in der Musterung der Tiere blaue Linienelemente zu, die im oberen Teil des brasilianischen (!) Amazonas, der hier auch Solimões genannt wird, in blaugrüne (»Coari-Diskus«) und schließlich auch grüne Töne (»Tefé-Diskus«) übergehen. Auch die Exemplare, die aus dem brasilianisch/kolumbianischen Rio Putumayo kommen, zeigen diese grünen Farbelemente.
Vor mehr als 30 Jahren hat der US-amerikanische Ichthyologe Dr. L. P. SCHULTZ die Farbvarianten der Art *S. aequifasciatus* in

Symphysodon aequifasciatus, Zuchtform (Blecha)

drei Unterarten aufgeteilt, eine Arbeit, die aufgrund kaum vorhandener und/oder als nicht gültig anzuerkennender Merkmale heute nicht mehr als »gut« angesehen werden kann, weshalb diese Unterarten inzwischen in der Synonymität verschwunden sind. Nachdem die Diskus-»Zuchtwut« in aller Welt viele schöne und auch weniger schöne Farbkombinationen mit kobaltblauen und türkisgrünen Tönen hervorgebracht hat, läuft diese Zuchtentwicklung weiter. Nebenher aber hat man wieder braune Exemplare mit viel Rotanteil eingeführt (»Alenquer-Diskus«), um mit Hilfe dieser Tiere die Rottönung bei der Zucht zu verbessern. An den Fotos, die in diesem Buch gezeigt werden, kann man bereits erste Erfolge erkennen.
Ein Diskusbecken einzurichten ist nicht schwierig. Vor allem muß es groß genug sein. 50–80 Liter Wasser pro Fisch, je mehr, um so besser, rechnet man als untere Grenze. Züchter halten ein Paar in einem 300- bis 400-Liter-Bekken. Natürlich wollen viele Aquarianer, die nicht die Absicht haben, die Fische zur Nachzucht zu bringen, auch Bodengrund und Pflanzen im Becken haben. In diesem Fall empfiehlt es sich, aus einem PVC-Material, das keine Giftstoffe an das Wasser abgibt, genau passende breite Bodengrundschalen selbst herzustellen. In diese Schalen kann man dann Bodengrund und Pflanzen einsetzen, die man ohne viel Mühe bei Bedarf wieder aus dem Becken herausnehmen kann, um ihren Inhalt außerhalb des Aquariums zu reinigen. Große Moorkienholzäste ersetzen den Tieren das heimatliche Geäst. Man sollte sie so ins Aquarium hängen, daß die Fische sich unter sie stellen können.
Die Beköstigung der Tiere ist ein weiteres Kapitel, das manchen Freund dieser wunderschönen

Symphysodon aequifasciatus, braune Form mit kräftiger Rottönung (Blecha)

Fische abhalten könnte, sie zu pflegen. Sie lieben Tubifex und weiße Mückenlarven (Glasstäbchen), aber aus Wasserflöhen, roten Mückenlarven oder den zu kleinen Cyclops machen sie sich nicht allzuviel. Tubifex ist allerdings kein preiswertes Futter, und wer eine sechs- bis achtköpfige Gruppe hungriger Diskusfische zu füttern hat, weiß, was er für sie anlegen muß.

Die Nachzucht der Fische ist ein Geduldspiel selbst dann, wenn alle bekannten Voraussetzungen erfüllt sind. Allein das Herausfinden der männlichen und weiblichen Tiere erfordert viel Wissen und Routine. Die Fische müssen dabei ständig beobachtet werden, damit man aus ihrem Verhalten die nötigen Schlüsse ziehen kann. Gelaicht wird meist an einem harten Substrat. Nach dem Schlüpfen werden die Jungen umgebettet. Sie hängen dann oft an einer anderen Stelle des gleichen Substrates, bis sie sich nach Aufzehren des Dottersackes freischwimmen. Nach dieser Zeit leben sie überwiegend vom Hautsekret der Eltern, das sie von den Körperseiten »abweiden«. Die Umstellung auf feinstes Lebendfutter (Artemianauplien) kann noch einfach sein, doch ist es schwierig, die Futtergröße langsam mit dem Wachstum der Fische zu steigern und dabei gleichzeitig das richtige Futter zu finden.

Zweifellos ist die Haltung und besonders die Zucht nur fortgeschrittenen Aquarianern anzuraten. Viele Fischfreunde aber reizt gerade diese schwierige Aufgabe.

Mit der Besprechung der folgenden Buntbarscharten wenden wir uns den Gästen aus dem afrikanischen Kontinent zu. Hier müssen wir zwischen den Vertretern der zentralafrikanischen Seen (hauptsächlich Malawi- und Tanganjikasee) und denjenigen Brustbarschen, die aus den ost-, west- und zentralafrikanischen Flüssen stammen, unterscheiden.

Im Gegensatz zu den Flußfischen konnten sich die Fische der Seen über ihr Heimatgewässer hinaus nicht weiter ausbreiten, was zur Besetzung aller möglichen ökologischen Nischen und damit zu ungewöhnlichen Spezialisierungen führte. Einige von ihnen arbeiten mit Überraschungstricks, indem sie sich tot stellen *(Nimbochromis livingstonii);* andere entwickeln Raspelmäuler, mit denen sie die steilen Felswände unter der Oberfläche von Algen befreien und sich an den darin lebenden Kleinorganismen gütlich tun. Weiter gibt es Schuppenfresser, und man spricht sogar von Augenfressern, Fischen also, die sich von den Augen anderer ernähren *(Dimidiochromis compressiceps).* Dabei kann es sich

Nimbochromis livingstonii

aber wohl nur um eine Ernährung im Notstand handeln, wie sie ein Aquarianer beobachtet haben will.

Der größte unter den Spezialisten aber ist der Algenlutscher *Hemitilapia oxyrhynchus*: Er befreit die Blätter der Vallisnerien von Algen, indem er, seitwärts gekippt, an der Pflanze hochschwimmt und ein Blatt nach dem anderen abweidet. Im Aquarium nehmen diese Fische allerdings nicht ihr natürliches Verhalten an, weil das Futterangebot sie nicht zu dieser »Erfindung in der Not« zwingt.

Während bei den Substratbrütern beide Partner die Arbeit gemeinsam tun, wird bei den spezialisierten Maulbrütern die Laicharbeit geteilt: Das Männchen macht die Vorarbeit, hebt die Laichgrube aus und beginnt die Balz. Das Weibchen übernimmt nach der Eiablage die Brutpflege.

Wie schon die Eiflecke auf der Afterflosse der Männchen verraten, hat sich die Natur bei diesen Fischen etwas Besonderes ausgedacht. Nach dem Ablaichen nimmt das Weibchen die Eier blitzschnell ins Maul – unbefruchtet! Nun schwimmt das Männchen unruhig vor diesem Maul hin und her und wartet auf eine Gelegenheit, sein Sperma doch noch auf die Eier zu geben. Dabei helfen ihm die Eiflecke, nach denen das Weibchen gierig schnappt. So gelangen die Spermien ins Maul des Weibchens und damit zur Befruchtung auf die Eier.

Nach dem Schlüpfen und Freischwimmen bleiben die Kleinen noch eine Zeitlang unter der Ob-

hut der Mutter. Die Anfütterung beginnt nach dem bekannten Verfahren mit Artemianauplien.
Wie der aufmerksame Leser bereits festgestellt haben wird, änderten sich bei den Haplochrominen des Malawisees viele Gattungsnamen. Seit der Name *Haplochromis* für die Cichliden dieses Sees eingezogen worden war, konnte der den Regeln gemäße Ersatzname *Cyrtocara* nicht lange als Notnagel genutzt werden, denn er war ja ursprünglich allein für diejenige Gattung aufgestellt worden, deren Typus der bekannte »Beulenkopfmaulbrüter« *C. moorii* ist. ECCLES & TREWAVAS schufen deshalb eine hohe Zahl neuer Gattungen, von denen die wichtigsten hier in der Folge – zusammen mit den ihnen angehörenden Arten – angesprochen werden sollen.
Zu den derzeit beliebtesten Vertretern aus dem Malawisee dürften die der Gattung *Aulonocara* gehören. Zu den gut eingeführten Arten zählen zu den seit Jahrzehnten bekannten Tieren von *A. njassae* nun auch *A. maylandi maylandi* (Gelbrücken- oder Schwefelkopf-Aulonocara) und *A. m. kandeensis* (Blaurücken-Aulonocara). Dazu kommen die später beschriebenen *A. stuartgranti* und *A. baenschi, A. hueseri, A. korneliae, A. hansbaenschi, S. saulosi* und *A. verduyni*. Die Tiere können in ihrem natürlichen Lebensraum – artbedingt – bis etwa 16 cm lang werden.
Männliche Tiere haben die mit Abstand schönere Färbung. Weibchen wie auch junge Männchen zeigen ein graubraunes Farbkleid

Aulonocara maylandi maylandi

Copadichromis azureus

mit einem Muster senkrechter dunkler Streifen. Die »Kunst« für den ungeübten Aquarianer besteht darin, jedem Männchen die passenden Weibchen zuzuführen, weil es anderenfalls keinen Nachwuchs gibt. Wie für alle Fische aus dem See muß auch bei ihnen das Wasser ziemlich weich (4–10 ° dH) sein und einen pH-Wert im alkalischen Bereich haben. Dieser Wert liegt im Malawisee bei etwa 8,4; er darf also keinesfalls in den sauren Bereich abrutschen!
Die Einrichtung erfolgt mit aufgeschichteten Steinen gegen die Rückwand. Dabei sollen möglichst viele Verstecke entstehen, um verfolgten Tieren Unterschlupfmöglichkeiten zu gewährleisten. Von einer Bepflanzung kann man normalerweise abraten, doch nicht alle Fische im See leben vegetarisch. Hart sollten eingebrachte Gewächse aber in jedem Fall sein. Da die meisten der hier genannten Cichliden keine Zwerge bleiben, sollte man für ihre Pflege ein Aquarium von mindestens 120 cm Länge vorsehen.

Ebenfalls zu neuen aquaristischen Ehren sind einige Arten aus der »Utaka-Gruppe« gekommen, die jetzt in der Gattung *Copadichromis* zusammengefaßt sind. Hier ist es, neben den altbekannten *C. boadzulu, C. borleyi, C. chrysonotus* und *C. mloto*, der erst kürzlich neu beschriebene strahlendblaue *C. azureus*, der aquaristische Karriere macht.
Von den neuen Gattungen sind aufgrund bekannter Arten erwähnenswert:

Dimidiochromis mit *D. compressiceps* und *D. kiwinge*;
Eclectochromis mit *E. ornatus, E. festivus* und *E. lobochilus*;
Nimbochromis mit *N. fuscotaeniatus, N. linni, N. polystigma* und *N. venustus*;
Otopharynx mit *O. lithobates, O. ovatus* und *O. selenurus*;
Placidochromis mit *P. electra; P. johnstoni* und *P. milomo*;
Protomelas mit *P. annectens, P. fenestratus* und *P. similis*;
Sciaenochromis mit *S. ahli*.

Wie ein weiterer, beliebter Gast aus dem Malawisee, *Cheilochromis euchilus*, sind damit auch weitere Cichliden aus dem Kreis der

»Wulstlippenbuntbarsche« eingruppiert worden, darunter eine früher mit einem Phantasienamen belegte Spezies, die heute *Placidochromis milomo* heißt, daneben noch *Eclectochromus lobochilus.*
Der Vielfleckmaulbrüter *(Nimbochromis polystigma)* stammt aus dem Malawisee und erreicht auch im Aquarium die stattliche Länge von 20 cm. Die Fische lassen sich in einem Wasser zwischen 12 und 16 ° dH gut halten. Bei Temperaturen um 24 ° C wachsen sie dank ihrer ungeheuren Freßlust von kleinen, graumarmorierten Jungfischen zu großen, blauschimmernden Räubern heran. Aus diesem Grund ist eine Vergesellschaftung nicht anzuraten. Selbst Fische der eigenen Art können ihre Opfer werden. Darum soll die Aquarieneinrichtung viele Verstecke aus Stein und Wurzelholz enthalten.
Die Tiere benötigen – zumindest mit zunehmendem Alter – eine grobe Kost: geschabtes Rinderherz, Regenwürmer, aber auch Jungfische. Die Nachzucht der Vielfleckmaulbrüter läuft ähnlich ab wie vorher angegeben. Auch die Polystigma-Männchen sind auf der Afterflosse mit Eiflecken ausgestattet. Die Aufzucht der Jungfische ist nicht schwierig. Wenn sie aus dem Maul des Muttertieres entlassen werden, haben sie schon eine Größe von einem Zentimeter erreicht, und das große Maul ist bereits zu erkennen. Sie sind also in der Lage, kleine Tiefkühlfutterstückchen (Cyclops, Bosmien usw.) und nicht ausgewachsene Wasserflöhe zu fressen. Blaugefärbte Fische haben es vielen Aquarianern angetan, da man diese Färbung in so großer Intensität bisher von den Flußfischen nicht kannte. Es tauchen unter ihnen (wie auch unter andersgefärbten) immer wieder Neuheiten auf, die nur einen vorläufigen Namen bekommen. Niemand will ja gern einen namenlosen Fisch verkaufen.
Seit langem bekannt ist der Beulenkopfmaulbrüter *(Cyrtocara moorii)* aus dem Malawisee. Er ist auch heute noch eine Attraktion in jedem Aquarium – besonders dann, wenn die Tiere bei bester Haltung ihre intensivblaue Färbung voll entfalten. Die Fische erreichen eine Länge von 20 cm. Im Gegensatz zu anderen Arten, bei den nur das Männchen mit einem Stirnbuckel versehen ist, tragen bei dieser Art beide Geschlechter die »Beule«. Die Art ist nur im Malawisee zu finden, wie man ja auch von vielen Bewohnern der afrikanischen großen Seen weiß, daß sie nur an diesem Punkt der Welt vorkommen.
Die Beulenkopfmaulbrüter bewohnen nicht die Felsen- und Geröllzonen des Sees, sondern seinen sandigen Grund. Bei der Vergesellschaftung empfiehlt es

Iodotropheus sprengerae

Labeotropheus fuelleborni, Form »Katande«

Labeotropheus trewavasae, Form »Marmalade Cat red top«

sich, die Tiere mit anderen, den Boden aufwühlenden Arten zusammenzubringen, weil den Blauen durch diese Wühlarbeit kleine Partikel freigelegt werden, die sie als Nahrung sehr schätzen.
Was wäre das bunte Volk der afrikanischen Seen ohne die Felsencichliden von Malawi- und Tanganjikasee? Im Malawisee nennt man sie »Mbunas«. Zu ihnen gehören vor allem die Vertreter der Gattungen *Iodotropheus, Labeotropheus, Labidochromis, Melanochromis, Petrotilapia* und *Pseudotropheus.* In diesem Bereich wartet auf die Ichthyologen noch eine Menge Arbeit, denn viele der schönen Spezies haben noch keinen wissenschaftlichen Namen; sie laufen zur Zeit aquaristisch als Farbvarianten bestimmter Arten, denn der Fisch muß im Handel einen Namen haben.
Aus der Gattung *Iodotropheus* ist seit langem die Art *I. sprengerae* bekannt. Neu beschrieben wurde erst kürzlich *I. stuartgranti.* Die Vertreter der ersten Art stammen von der Insel Boadzulu im östlichen Arm des südlichen Sees. Ihre Biotope sind geschützt, so daß der Handel Nachzuchttiere führt.
Herrliche Tiere kennen wir von den beiden Arten der Gattung *Labeotropheus*: *L. fuelleborni* und *L. trewavasae.* Erst in den letzten Jahren kümmerte man sich auch um das Entdecken neuer Farbformen. Es gibt davon eine Menge aus vielen Teilen des Sees.
Die Arten der Gattung *Labidochromis* finden allgemein nur wenig Anklang. Die zitronengelbe Form von *L. caeruleus* (es gibt

Labidochromis caeruleus, gelbe Farbform

Melanochromis chipokae

Pseudotropheus spec. »*williamsi*«

Melanochromis spec. »*lepidophage*« (Makanjila)

Melanochromis spec. »electric blue« (»Maingano«)

auch eine weiße!) macht hierbei allerdings eine Ausnahme. Die Tiere stammen vom nördlichen Westufer des Sees.

Melanochromis wartet neben altbekannten Arten wie *M. auratus, M. johanni* und dem schönen *M. chipokae* aus dem Süden des

Sees mit einer Reihe neuer Formen auf, wie »spec. lepidophage« (Makanjila) oder »spec. electric blue« (Maingano) und anderen. Von *Pseudotropheus* sind nun endlich auch Tiere des Gattungstyps *P. williamsi* im Handel. Sie kommen in verschiedenen Farbformen vor, weshalb man sie zu einem gleichnamigen Komplex zusammengefaßt hat. *P. hajomaylandi* wurde bereits vor einigen Jahren von der Insel Chisumulu beschrieben. Eine orangerote Form, gewöhnlich als »spec. aff. *zebra* rot« bezeichnet, kommt gelegentlich wieder in den Handel. Sie stammt von der Ostseite (Masinje) des Sees. Unter den Formen, die sich hinter Namen wie »spec. aff. *zebra*« oder ähnlich verbergen, kann man sehr interessante und für den Handel zum Teil auch neue Musterungen antreffen. Als Beispiel sei hier nur die Spezies genannt, die als »spec. Lundo« von der tansanischen Seite des Sees eingeführt wurde. Ähnlich hoch ist die Zahl der Formen, die unter dem Sammelnamen »aff. *elongatus*« gehandelt werden. Es gibt darunter nicht nur blau und schwarz gemusterte Exemplare, sondern auch welche mit gelben Tönen, wie zum Beispiel eine Variante vom westlichen Ufer bei Usisya.

Auch im Tanganjikasee gibt es Felsenbuntbarsche. Sie gehören der Gattung *Tropheus* an, und auch für sie darf man erwarten, daß sich aus der hohen Zahl der angetroffenen Populationen aus dem Artenkreis der altbekannten und aquaristisch sehr geschätzten Arten *T. duboisi* und *T. moorii* einige als neue selbständige Arten etablieren können.

Von den letzten wurde zunächst der »Brabantbuntbarsch« bekannt. Der schwarzgrundige Cichlide aus dem Norden des Sees trägt in der Rückenflosse eine rot und gelbe Musterung. »Die Farben von Brabant« sagten damals die Belgier, die zur Kolonialzeit an der Westseite des Sees wissenschaflich arbeiteten. Seither hat man rund um den Tanganjikasee eine Vielzahl neuer Farbformen entdeckt. Sie entstehen dann durch Isolierung, wenn die Fische ihr Felsrevier nicht verlassen können, weil eine weite Sandzone zwischen ihrer und der nächsten Felspartie liegt, die sie wegen Gefährdung durch Raubfische nicht überwinden.

Diese Fische, wie auch weitere, hier nicht genannte Arten dieser Familie, haben eine aus aquaristischer Sicht gesehene Unart: Sie sind stark revierabhängig, daher kann man die Fische nur in großen Becken ab 100 cm Länge halten. Das Wasser darf auf keinen Fall zu weich sein und sollte etwa 6–10° dH aufweisen. Ebenso wichtig ist der pH-Wert, der ja, wie vorher bereits erwähnt, auf alle Fälle im alkalischen Bereich (über pH 7) liegen muß. Die jahreszeitlich bedingte Temperatur schwankt in beiden Seen

Pseudotropheus hajomaylandi

Pseudotropheus spec. »*zebra* rot«

Pseudotropheus spec. »Lundo«

Pseudotropheus aff. *elongatus* (»Usisya«)

Tropheus duboisi, Form »Breitband«

Tropheus moorii, Form »Kalambo«

Altolamprologus calvus

zwischen 24 und 30° C. Züchter werden dieses Auf und Ab nachahmen – normale Durchschnittsaquarianer sollten ihr Thermometer auf einen Mittelwert von 27° C einstellen.
Wichtiger aber als all diese Fakten ist für die Mbuna-Cichliden die Beckeneinrichtung. Ermittlungen im See ergaben, daß sich die Fische niemals weiter als eine Handbreit unter den steinernen Wällen aufhalten. Wenn Ihr Aquarium daher einem Steinbruch gleicht, ist das kein Fehler. Nur sollten Sie, um auch die Beckenhöhe voll auszunutzen, diese Aufbauten bis zur Beckenoberkante in seiner vollen Breite reichen lassen. Nur so ist die Gewähr gegeben, daß sich die Fische auch in den oberen Wasserschichten aufhalten.
Obgleich Pflanzen das aquaristische Bild entscheidend beleben können und außerdem die Aufrechterhaltung einer gewissen Wassermindestqualität garantieren, müssen sie nicht sein. Wer jedoch Grünes in sein Becken einbauen möchte, der wähle nur harte und widerstandsfähige Pflanzen, wie sie möglichst auch im See vorkommen. Viele Händler bieten sie zusammen mit den Fischen an.
Die Fütterung der Tiere, die in ihrem natürlichen Lebensbereich sehr stark spezialisiert sein können, macht im Aquarium keine Sorgen. Mbunas nehmen alles – vom üblichen Lebendfutter aus dem Zooladen über Tümpelkost, Forellen- oder Karpfenfutter (für große Tiere besonders sättigend) bis zu geschabtem Rinderherz und gehackter Leber. Grünkost wird von diesen Tieren ebenso gern als wichtige Zusatzkost genommen.
Wenn auch die Fortpflanzung der einzelnen Arten unterschiedlich sein kann, so wird es für dieses Buch doch ausreichen zu sagen, daß die genannten Felsencichliden beider Seen sich als Maulbrüter vermehren, bei denen das Weibchen die Hauptarbeit der Brutfürsorge übernimmt.
Eine der artenreichsten Gattungen, deren Mitglieder im Tanganjikasee leben, ist *Neolamprologus*. Sie ist aus der Gattung *Lamprologus* hervorgegangen, die damit nicht aufgelöst wurde, denn die hohe Zahl der Cichliden wurde nun auf diese sowie die Gattungen *Altolamprologus* und *Lepidiolamprologus* verteilt. In der ersten sind die hochflossigen Vertreter *A. calvus* und *A. compressiceps*, in der zweiten sind verschiedene größere Arten, darunter auch *L. nkambae* und *L. attenuatus*, zusammengefaßt.
Bei den meisten Aquarianern sind auch heute noch die kleineren Arten besonders beliebt, bevorzugt auch dann, wenn sie eine kräftige Färbung aufweisen. Von *Neolamprologus mustax* wird jetzt im Handel wieder einmal eine goldgelbe Variante vom Cape Chaitica im Süden des Sees angeboten, eine Farbe, mit der sich diese Form deutlich von ihren grauen und graugelben Artverwandten abhebt. Goldgelb sind auch die altbekannten *N. leleupi* und *N. longior*. Auch im sogenannten Brichardi-Komplex hat es Neues gegeben: *N. marunguensis* wurde von einem Gebiet an der westlichen, zu Zaire gehörenden Uferseite neu beschrieben und dürfte eine schöne Bereiche-

rung in dieser Gruppierung darstellen.
Auch die Gruppe der beliebten kleinen Schneckenhauscichliden, von denen KONINGS meint, daß es sich bei der häufig gepflegten Spezies *N.* spec. *»magarae«* um die längst synonymisierte Art *(N.) calliurus* handeln müsse, hat Zuwachs bekommen. BÜSCHER beschrieb mit *Lamprologus meleagris* und *L. speciosus* von der westlichen Seeseite zwei neue kleine Arten, deren Vertreter bereits im Handel sind und derzeit von mir gepflegt werden.
Etwas empfindlich sind die kleinen Bewohner des offenen Wassers, die Mitglieder der Gattungen *Cyprichromis* und *Paracyprichromis*. Von ihnen hat man inzwischen eine Zahl unterschiedlicher Varianten entdeckt, zu deren schönsten eine Form gerechnet wird, die derzeit zu *P. nigripinnis* gestellt und als »Blue-Neon-Cyprichromis« im Handel ist. Wer die schlanken, spitzköpfigen Fische sieht, kann sich nur schwer vorstellen, daß es sich bei diesen Schwarmfischen (!) auch um Maulbrüter handelt. Sie laichen sogar ohne Substrat im freien Wasser, stehen dabei kopfab, und das Weibchen nimmt Ei für Ei direkt nach der Abgabe ins Maul. Die Fische mögen große, geräumige Aquarien mit viel Schwimmraum, mittelhartem und alkalischem Wasser (14–18° dH, pH 7,5–8,0) und relativ warme Temperaturen (27–28° C).
Wer sich mit dem Tanganjikasee befaßt, darf die Vertreter der Gattung *Julidochromis* nicht vergessen. Die wunderschön gezeichne-

Neolamprologus mustax, Goldform

Neolamprologus marunguensis

Neolamprologus calliurus (»magarae«)

Lamprologus meleagris

Paracyprichromis nigripinnis (»Blue Neon«)

ten Tiere stammen ebenfalls aus dem zentralafrikanischen Seengebiet und werden aus dem Tanganjikasee importiert. Ihre Körperfärbung ist durchweg gelbgrundig und mit unterschiedlichen schwarzen Streifen-, Punkt- und Karomustern durchzogen. Oft sind die Flossensäume kräftig bläulich. Die Fische haben alle eine gestreckte Körpergestalt mit einem ovalen Durchschnitt. Ihre Reviere sind die Zonen zwischen Geröll, Steinplatten und Sandboden. Sie sind Höhlen- oder Versteckbrüter.
Zu den schon seit längerer Zeit bekannten Arten des Afrikanischen Schachbrett-Cichliden *(Julidochromis marlieri)* und des Gelben Schlankcichliden *(J. ornatus)* gesellten sich die erst später häufiger eingeführten Arten des Vierstreifen-Schlankcichliden *(J. regani)* und des Schwarzweißen Schlankcichliden *(J. transcriptus)*. Die Fische werden zwischen 12 und 15 cm groß. Erst im Jahr 1975 wurde in der Kasaba-Bay am südlichen Ende des Tanganjikasees eine neue Art entdeckt: *J. dickfeldi*, die in ihrer Körperfärbung von den vorgenannten Arten abweicht. Auch diese Tiere wurden bereits nachgezüchtet.
Wie die meisten Bewohner dieser Seen wollen auch die Tanganjikaseebuntbarsche kein weiches Wasser. Flossenklemmen und schaukelnde Schwimmbewegungen zeigen dem Pfleger meist, daß eine Störung vorliegt. Nun ist es ja leichter, eine Korrektur nach höheren Härtegraden vorzunehmen als nach geringeren. Besonders die Jungfische sind in diesem Punkt recht empfindlich. Meist erreichen die ausgewachsenen Tiere im Aquarium nicht ihre volle Größe. Wasserwerte zwischen 12 und 18° dH und einem pH-Wert von 7,5–8,0 geben die ungefähren Haltungsbedingungen bei 24–26° C wieder.
Auch die Tanganjikacichliden benötigen ein Becken mit vielen Verstecken, da jedes Tier und jedes Paar sein Revier verteidigt und Fische ohne festen Platz Todeskandidaten sind. Eine Bepflanzung kann ohne weiteres vorgenommen werden, doch empfiehlt es sich, einzelne (Solitär-)Pflanzen einzusetzen, da man das Verhalten der Tiere aus Interesse oder aus Vorsorge immer im Auge haben muß.
Die Fütterung mit Lebend- oder Tiefkühlfutter ist sehr wichtig, da die Tiere von Trockenfutter allein nicht existieren können. Überhaupt scheint das Zappeln der Futtertiere den Freßtrieb der Fische erst richtig anzuregen. Zu große Brocken vermögen diese Afrikaner nicht zu sich zu nehmen, da ihr relativ kleines Maul das nicht zuläßt.
Das weibliche Tier laicht gegen die Höhlendecke ab. Beide Eltern betreuen das Gelege (Elternfamilie), wenn auch ihre Sorge in Grenzen bleibt. Nach etwa 72 Stunden schlüpfen die Larven, doch benötigen sie noch doppelt so lange, um endlich frei zu schwimmen. Die Jungfische bleiben noch eine weitere Woche in ihrer Burg, bis sie nach und nach, stets deckungssuchend, die Höhle verlassen. Diese rationelle Art, die Jungtiere gewissermaßen in Etappen über die ersten Hindernisse des Lebens hinwegzubringen, ist typisch für die *Julidochromis*-Arten. Man muß Verhalten und Nachzucht in bestimmten Zusammenhängen sehen. Die einzelnen Gelege umfassen nur zwischen zwanzig und dreißig Eier, oft sind es noch weniger. Schon wenige Wochen nach dem ersten Ablaichen kommt es zu einem zweiten. Dabei kann es geschehen, daß mehrere Generationen der Jungfische in der Höhle oder in deren näherer Umgebung leben. Erst voll ausgefärbte halbwüchsige Jungfische werden von den Eltern aus dem engsten Revier verwiesen und sollten, außer bei sehr großen Aquarien, aus dem Becken genommen werden.

Die Fischfauna Westafrikas ist zwar in ihrer Artzahl nicht gering, aber trotzdem sind es immer wieder nur bestimmte Arten oder Gattungsgruppen, deren Vertreter sich aquaristisch durchsetzen. Vor allem sind es auch hier wieder die kleinbleibenden Arten, die – oft in verschiedenen Varianten – Karriere machen.
Der Thomas'-Prachtbuntbarsch *(Anomalochromis thomasi)* ist ein lebhafter, revierbildender, dabei friedlicher kleiner Buntbarsch. Die meisten seiner Gattungsverwandten sind ähnlich gute Pfleglinge. Bei den bis zu 8 cm lang werdenden Tieren können die Weibchen etwas größer werden. Dieses Geschlecht unterscheidet sich bei einigen anderen Arten noch durch eine abgerundetere Schwanzflosse (beim Männchen spitz zulaufend).

Julidochromis marlieri

Anomalochromis thomasi

Hemichromis lifalili

Wie für die meisten Buntbarsche, ist auch bei dieser Art das Herstellen von Versteckplätzen aus Holz und Steinen für die Tiere lebenswichtig. An die Wasserhärte stellen die Fische zur Zucht gewisse Ansprüche, da in ihren heimatlichen Gewässern das weichere Wasser der Flüsse vorherrscht. In früheren Jahren glaubte man daran, daß dieses Wasser wegen der Küstennähe nicht so weich sein könne, und mengte ihm noch Salz bei. Dies hat sich jedoch als nicht richtig erwiesen.
Anomalochromis thomasi ist ein relativ ruhiger Fisch, den auch Pflanzen im Aquarium nicht stören und von denen er auch nicht nascht.
Die Temperaturen sollen bei etwa 25 ° C liegen. Es wird überwiegend Lebendfutter gefressen, doch schließt das nicht aus, daß die Fische auch Trockenfutter nehmen. Die Fische der verschiedenen *Pelvicachromis*-Arten können in Körper- und Flossenform recht unterschiedlich gestaltet sein. Eines haben die Männchen aber gemeinsam: Die spitz zulaufende und fahnenartig nach hinten wehende Rückenflosse.
Der Rote Cichlide *(Hemichromis lifalili)* ist als Rauhbein erster Güte berüchtigt. Das muß aber nicht so sein, und es sollte niemanden davon abhalten, diese Fische einmal in einem besonderen Becken zu pflegen und zur Nachzucht zu bringen. Erst hier zeigt sich die Art als aufopfernder Brutpfleger, und alle Ruppigkeit, die ihr anhaftet, ist vergessen.
Rote Cichliden stammen aus dem tropischen Westafrika (mittlerer Zaire und Ubanghi). In der Natur erreichen sie eine Größe von etwa 15 cm, im Aquarium meist nur ⅔ davon. Entsprechend groß muß das Becken trotzdem sein, damit sich die Tiere wohl fühlen und entfalten können.
Sicher wollen die meisten Pfleger die Cichliden auch zur Nachzucht bringen: Dann werden mehrere Tiere benötigt, um die Geschlechter bestimmen zu können. Die Revierfische belegen schon nach kurzer Eingewöhnungszeit ihren Platz, und die Streitereien würden in einem zu kleinen Becken kein Ende nehmen. Die Einrichtung besteht aus vielen eckigen Steinen. Aus Wurzelstücken wird an der Aquarienrückwand ein Wall mit möglichst vielen Höhlen gebaut.
Sollen – was nicht sehr ratsam ist – Pflanzen eingebracht werden, so müssen sie sehr robust sein. Am besten geeignet sind große Vallisnerien- und *Echinodorus*-Arten. Die Wurzeln sollte man mit einem Stein beschweren. Ein Bodengrund aus einer Mischung von mittelfeinem Sand und nicht zu grobem Kies eignet sich ganz gut. In diesen Boden lassen wir wieder einen flachen abgerunde-

ten Stein ein, womit wir den Fischen gleich einen Laichplatz anbieten. Die Wasserqualität ist nicht so wichtig. Die Temperatur soll zwischen 24 und 26° C liegen.
Auch diese Fische entwickeln einen so kräftigen Appetit, daß sie mit kleinem Lebendfutter nicht sattzubekommen sind. Geschabtes Herz, Regenwürmer und gelegentlich auch Fischfleisch kann gereicht werden.
Die Balz der Roten Cichliden zeigt das, worauf die meisten Aquarianer schon warten: Die knallrote Färbung der Tiere, die bei verwandten Arten der Gattung im Aquarium höchstens bei gelegentlicher Kampferregung zu sehen ist. Die übliche graugrüne Körperfarbe, durch einige blaue Flecke auf Kiemendeckel, Körper und Flossen verschönt, weicht nun der roten Färbung, die den Fischen plötzlich ein ganz neues Aussehen gibt.
Die Geschlechter sind nur schwer zu unterscheiden. Meist erkennen wir das Weibchen an der kräftigeren Rotfärbung wie auch am ausgeprägteren Leibesumfang. Die nun einsetzende erbarmungslose Kampftätigkeit um das Laichrevier (nämlich das ganze Aquarium) muß bei einem einsichtigen Pfleger dazu führen, sich in diesem Becken auf lediglich ein Paar dieser Art zu beschränken und alle übrigen Buntbarsche auszuquartieren.
Wichtig für eine glückliche Zucht ist ferner, daß die zurückbleibenden Partner miteinander harmonieren, damit die Kämpfe ein Ende finden. Auf der Suche nach einem geeigneten Substrat wird der vom Pfleger bewußt an einem vordergründigen Platz postierte Laichstein angenommen. Nun wird dessen Oberfläche geputzt. Dabei rutschen die Fische beide immer wieder in »Generalprobe« mit dem Bauch über den Stein. Das kann viele Stunden, manchmal auch Tage so gehen, bis das Weibchen schließlich ablaicht. Das Männchen besamt sofort danach die Eier – etwa vierhundert an der Zahl. Nach 48 Stunden schlüpfen die Larven und werden gleich von beiden Elterntieren in vorher angelegte, gutgeschützte Gruben umgebettet.
So rauh vorher der Kampf war, so aufopfernd bemühen sich jetzt die Alttiere um ihre Kleinen. Sie schwimmen immer wieder um ihre Brut herum und prüfen offenbar dabei ihre angeborenen Reaktionen, denn bald schon sollen die Kinder ausgeführt werden.
Weitere zwei Tage nach dem Schlüpfen schwimmen die Jungen frei und fressen jetzt schon große Mengen kleinsten Lebendfutters. Die Fütterung mit Artemianauplien reicht nur die eine Übergangsperiode, und schon bald kann der Pfleger auf die nächstgrößere Futterart gehen, die Cyclops.
Die Arten der Gattungen *Nanochromis* und *Pelvicachromis* gelten als die beliebtesten Vertreter unter den westafrikanischen Zwergcichliden. Der altbekannte Blaugrüne Kongozwergbuntbarsch *N. parilus* unterscheidet sich beim ersten Hinsehen nicht allzusehr von seinen nahen Verwandten *N. nudiceps* und auch *N. splendens.* Alle drei Arten stammen vom letzten Abschnitt im Unterlauf des Zaire-(Kongo-)flusses. Es ist aber schließlich nicht allein die breite leuchtende Längsbinde in der Rückenflosse, mit der sich *N. parilus* von seinen genannten Verwandten unterscheidet. Bei ihm bleibt die untere Hälfte der Schwanzflosse ungemustert, bei den Vertretern der beiden anderen genannten Arten ist sie mit roten Tüpfelreihen überzogen, und die Dorsalbinde muß einer wesentlich schmaleren Binde weichen.
Auf der Suche nach dem heißbegehrten »roten« *N. dimidiatus* haben reisende Aquarianer neben einigen bisher noch unbekannten Spezies eine weiter Art nach

Nanochromis squamiceps (Paar)

Nanochromis transvestitus (Weibchen)

Pelvicachromis pulcher, Männchen der rotbäuchigen Form

Pelvicachromis aff. *subocellatus* (Weibchen)

Europa gebracht: *N. squamiceps*, den viele anfangs für *N. dimidiatus* hielten. Die Lebensräume der beiden liegen aber zu weit auseinander, als daß es hier zu Verwechslungen kommen könnte: *N. squamiceps* kommt am oberen Zaire im Einzugsbereich des Lindiflusses vor; *N. dimidiatus* lebt dagegen in den Becken des Ubanghi und des Shari, von Norden her kommende Nebenflüsse des Zaire.

Als relativ neue Art kann man *N. transvestitus* bezeichnen. Diese Zwergcichliden wurden erst 1984 aus dem Lac Mai-Ndombe (dem früheren Leopold-II.-See) in Zaire beschrieben. Eingeführt wurden auch verwandte Arten aus neu eingerichteten Gattungen, darunter *Parananochromis caudifasciatus, P. longirostris, Limbochromis cavalliensis* und *L. robertsi.* Diesen Zwergcichliden fehlt jedoch eine »knackige« Färbung, um sie in der Gunst vieler Aquarianer weit nach vorn zu bringen.

Aus der Gattung *Pelvicachromis* sind in den letzten Jahren Vertreter verschiedener Arten eingeführt und vermehrt worden.

Wie immer, wenn sich Aquarianer in den Ursprungsländern der Fische auf die Suche machen, finden sie dabei weniger neue Arten als vielmehr geographisch bedingte Farbformen, an denen einige Arten dieser Gattung besonders reich sind.

P. pulcher ist alt bekannt und steht in der Gunst vieler Aquarianer so hoch, daß er selbst in Südostasien in großen Zahlen vermehrt und wieder in die übrige Welt importiert wird. Wie bei den meisten Arten dieser Gattung zeigen auch bei dieser erwachsene Weibchen einen leuchtend purpurfarbenen Bauch, der den Fischen zu ihrem deutschen Namen »Purpurprachtbuntbarsch« verhalf. Auch von dieser Art gibt es verschiedene Farbformen, bei denen auch die männlichen Tiere in der Kehl- und Bauchpartie intensiv rote Farben zeigen.

Ähnliches kann man auch von *P. subocellatus* berichten. Von diesem Westafrikaner, dessen Lebensräume sich vom südlichen Gabun bis zur Zairemündung ziehen, kam aus Nigeria ein Verwandter zu uns, dessen bunte Weibchen wegen ihres intensiv roten Bauches vielen besser gefallen als die der südlicheren Form.

Für *P. taeniatus* wird eine Verbreitung von küstennahen Gebieten in Nigeria bis zum südlichen Kamerun angegeben, und die Typen früherer Beschreibungen *(P. klugei, P. kribensis),* die heute als Synonym angesehen werden, stammen auch aus dem Gebiet. Aquaristische Aktivitäten in diesen Ländern machten es möglich, daß wir heute eine Vielzahl farbiger Varianten kennen, die meistens mit Namen ihrer Herkunft belegt sind, wie etwa »Farbform Calabar, Lobé, Kienké, Kumba-Funge, Moliwe, Muyuka, Nigeria« usw.

Pflege und Zucht westafrikanischer Zwergcichliden werden von vielen Haltern unterschiedlich bewertet. Ein »Kinderspiel« sind sie keineswegs. Oft sind die Tiere sehr scheu und verbringen dann die meiste Zeit in ihrer Höhle. Sie ist es auch, in der sie sich fortpflanzen und hierin ihre Nachkommen heranziehen. Dabei legt das Weibchen seine Eier an der Höhlendecke ab, und nach der Befruchtung kümmert sich die Mutter allein um die Brut. Erst wenn der Kinderschwarm zur Nahrungsaufnahme aus der Höhle geführt wird und die Mutter seinen Schutz möglicherweise nicht allein bewerkstelligen kann, nimmt auch das Männchen die Kinder unter seine Obhut. Beide Eltern, und jetzt ist es vorwiegend das männliche Tier, das sich noch mehrere Wochen um die Sicherheit der Kleinen kümmert. Immer, wenn die Fließgewässer gebirgige Gebiete passieren,

Steatocranus casuarius (altes Männchen mit kräftigem Stirnhöcker)

Steatocranus tinanti

kommt es zur Stromschnellenbildung. Cichliden wie auch Fische anderer Familien, die hier leben, müssen besonders angepaßt sein. Zu ihnen gehören neben einigen der bereits erwähnten solche Zwergcichliden, die als ruhigeren Lebensraum die Randzonen dieser Gewässer vorziehen. Buckelkopfcichliden und Quappenbuntbarsche sind die bekanntesten dieser Gruppierung sauerstoff- und strömungsliebender kleiner Cichliden.

Steatocranus casuarius, *S. irvinei* und *S. tinanti* sind die bekanntesten Stromschnellencichliden, deren Männchen mit einem oft auffällig starken Buckelkopf ausgestattet sind. Die Körperform des Quappenbuntbarsches *Teleogramma brichardi* ist dagegen extrem gestreckt und abgeflacht, was wiederum auf eine Lebensweise unter noch extremeren Strömungsbedingungen schließen läßt. Die meisten der heute eingeführten Arten leben im Stromschnellengebiet des unteren Zaire. Der genannte *S. irvinei* macht eine Ausnahme: Seine Lebensräume liegen in einem Stromschnellengebiet des Volta River im westafrikanischen Ghana.

Die Cichliden leben zwischen Hölzern und Steinen, und die Anpassung ihres Körperbaus und ihrer Verhaltensweise an die extrem ungünstigen Lebensbedingungen in den Gewässern mit teilweise hohen Strömungsgeschwindigkeiten ist somit ideal. Das Becken soll man dem Biotop so naturgetreu wie möglich nachgestalten, wobei jedoch kaum Aussicht besteht, die übrigen Naturkräfte voll und ganz zu imitieren. Die Wasserqualität ist zweitrangig. Die Fische benötigen kein (auch nicht zur Nachzucht) besonders weiches Wasser. Die Gesamthärte kann zwischen 10 und 15 ° dH liegen, die Wassertemperaturen zwischen 24 und 26 ° C. Die friedlichen Fische haben auch gegen Wasserpflanzen nichts einzuwenden. Den Bewohnern schnellfließender Gewässer tut ein Wasserwechsel in nicht zu großen Abständen wohl. Gefressen werden neben gelegentlichen Trockenfuttergaben alle gängigen Lebendfutterarten.

Buckelköpfe kann man manchmal auch im Gesellschaftsbecken nachzüchten; meist aber richtet der Pfleger ein Zuchtbecken ein. Es soll eine Länge von mindestens 60 cm haben. Da die Fische höhlenartige Verstecke einfachen Unterständen vorziehen, sind das Einbringen von umgestülpten Blumentöpfen mit kleiner Eingangsöffnung, das Verklemmen von entsprechend großen Bambusrohrabschnitten oder der Eintrag einer Tonröhre angebracht. Die Cichliden werden während der Balz- und Laichzeit ziemlich ruppig und beanspruchen ein Revier von etwa 0,25 m² Grundfläche rund um ihre Behausung. Fremde Fische werden meist barsch fortgeschubst und -gebissen. Bei gerade geschlechtsreif gewordenen Tieren sind die Geschlechter noch nicht gut zu unterscheiden, da sich der »Helm« des Männchens erst mit zunehmendem Alter bildet. Am zweckmäßigsten ist es, aus einem halben Dutzend dieser Art sich ein Paar (oder mehrere) bilden zu lassen.

Kletterfischverwandte Labyrinthfische

Anabantoidei oder Kletterfischverwandte nennt man die Unterordnung, in der die derzeit vier Familien der Fische zusammengefaßt sind, die unter Aquarianern allgemein als Labyrinther bezeichnet werden. Diesen Namen verdanken sie einem zusätzlichen Atmungsorgan, wie es außerdem auch die Gruppe der Schlangenkopffische (Channiformes) aufweist. Es handelt sich um eine hinter den Augen liegende und zum Nacken gerichtete Ausbuchtung der Kiemenhöhle, in der kräftig durchblutete zusammenliegenden Lamellen – ähnlich wie ein Salatkopf in vielen Windungen angeordnet – die Versorgung des Blutes mit eingeatmetem (atmosphärischem) Sauerstoff übernehmen, wenn das Wasser des Lebensraumes davon nicht mehr genügend aufweist.
Die Biotope der Fische liegen häufig in flachen, stark von der Sonne bestrahlten verkrauteten Gräben, Feldern und ähnlichen Gewässern. Aufgrund dieser Atemtechnik machten die Fische bereits früh mit Aquarien Bekanntschaft, zu einer Zeit, als man Luftpumpen und ähnliches noch nicht kannte. Man kann sie somit getrost als die »Pioniere der Aquaristik« bezeichnen.
Die Atemtechnik kann sich aber gelegentlich auch als Nachteil erweisen. Es kann nämlich vorkommen (und kaum einer wird es für möglich halten), daß diese Fische ertrinken, wenn man ihnen die Möglichkeit nimmt, atmosphärische Luft einzuatmen. Das kann im Aquarium dann der Fall sein, wenn der Wasserspiegel direkt bis unter die Abdeckscheibe reicht.
Viele Arten sind Schaumnestbauer, andere Maulbrüter, und es gibt im Fortpflanzungsverhalten aller Arten eine weitere Reihe von Unterschieden.
Die beliebten Schaumnestbauer suchen sich in der Natur überwiegend stark verkrautete Bäche und Gräben als Wohngebiet aus. Um dem Laich zum nötigen Sauerstoff zu verhelfen, baut das Männchen in einem Gebiet mit wenig Strömung an der Wasseroberfläche ein Schaumnest. Atmosphärische Luft wird mit Hilfe eines Sekrets zu kleinen Blasen geformt, die aneinandergereiht dieses Nest bilden. Beim folgenden Laichprozeß umschlingt das Männchen das Weibchen, damit es mit dem Bauch nach oben seine Eier in das Schaumnest gibt. Abfallende Eier werden von beiden Eltern aufgesammelt und in das Nest zurückgespuckt. Das Männchen überwacht nun das Nest und gibt laufend neue Luftblasen hinzu, um die Eier mitsamt dem Schaumpaket über die Wasseroberfläche zu bringen.
Zwei Tage nach der Befruchtung der Eier schlüpfen die Larven, die schon bald nach Aufzehrung ihres Dottersacks kleinstes Lebendfutter fressen. Vorsicht: Die Fürsorge des Männchens erlischt schnell, ebenfalls können schneller wachsende Jungfische sich an ihren im Wachstum zurückgebliebenen Geschwistern vergreifen.
Die vier erwähnten Familien sind:

Betta splendens (Zuchtform)

Anabantidae, die eigentlichen Kletterfische, mit den Gattungen *Anabas, Ctenopoma, Oshimia* und *Sandelia*;
Belontiidae mit den Gattungen *Belontia, Betta, Colisa, Ctenops, Macropodus, Malpulutta, Parasphaerichthys, Parosphromenus, Pseudosphromenus, Sphaerichthys, Trichogaster* und *Trichopsis*;
Helostomatidae mit der Gattung *Helostoma*;
Osphronemidae mit der Gattung *Osphronemus.*
Von den vielen hier angeführten Gattungen können aus Raumgründen nur wenige Arten der bekannten Aquarienfische angesprochen werden.
Der Paradiesfisch *(Macropodus opercularis)* lebt in einem weiten Gebiet, das von Korea über China bis nach Vietnam reicht. Er wird im Aquarium bis zu 8 cm groß. Die weitverbreitete Art galt in früheren Zeiten als »der« Aquarienfisch, da er nicht so sauerstoffbedürftig war und auch in unbelüfteten Becken gut lebte. Die anspruchslosen Tiere sind im Gesellschaftsaquarium insofern etwas heikel, als sie Mitbewohnern gegenüber zeitweise recht ruppig werden können. Sind die Beckengenossen dagegen stärker, werden die Tiere scheu. So gesehen, eignet sich in erster Linie die Artenhaltung.
Mit dichten Pflanzenbeständen eingerichtete (verkrautete) Bekken, die auch noch mit Schwimmpflanzen versehen sein können, entsprechen in etwa dem natürlichen Lebensraum der Tiere. Die Allesfresser benötigen ein mittelhartes Wasser und Temperaturen, die um 24° C liegen. Ihr Körper ist meist prächtig rot gefärbt und mit vielen schwärzlichen, blau schimmernden Querbinden versehen. Der Rücken ist etwas dunkler und die Kehle hell. Alle Flossen sind lang ausgezogen und in ähnlichen rot-schwarzblauen Strich- und Punktmustern gezeichnet.
Einer der großen Stars dieser Familie ist der Schleierkampffisch *(Betta splendens).* Seinen Namen verdankt er der Tatsache, daß zwei im gleichen Aquarium gehaltene Männchen das Becken jeweils als ihr Revier ansehen und den Gegner oft bis zu dessen Tod bekämpfen. Die bis zu 6 cm langen Tiere sollten weniger im Gesellschafts- als im Artenbecken gepflegt werden, das dann ganz den Bedürfnissen der Fische angepaßt werden kann: Nicht größer als 60 cm in der Länge und relativ flach, dazu eine dichte Bepflanzung mit einer ebensolchen Schwimmpflanzendecke.
Die Zucht der Fische wurde in der vorausgegangenen Besprechung erwähnt. Sie stellten keine Ansprüche an die Wasserqualität (weich bis mittelhart). Die Haltetemperatur soll bei etwa 26° C liegen. Allesfresser.
Erwähnenswert ist die Vielfalt der Farben dieser Art. Sie wurden in vielen Varianten und Tönungen herausgezüchtet. Die Geschlechter lassen sich sehr leicht unterscheiden, da die kleineren Weibchen nicht die ausgebildete Beflossung der Männchen tragen.
Zu den Vertretern der Gattungen *Betta* und *Parosphromenus* haben sich in den letzten Jahren durch

Betta coccina (Männchen)

Neubeschreibungen neue Verwandte gesellt. Bei den Neuen handelt es sich um *Betta coccina* und den ähnlich rot gefärbten *B. tussyae.* Dazu kommen mit *B. climacura, B. persephone* sowie mit *Parosphromenus alleni, P. harveyi* und dem sehr schönen *P. nagyi* weitere neue Arten.
In den Gattungen *Colisa, Trichogaster* und *Trichopsis* sind Fadenfische und Guramis zusammengefaßt, deren bekannteste Vertreter der Honiggurami *Colisa sota* (früher *C. chuna* – bis zu 4,5 cm lang, Heimat Assam und Bangladesch), der Zwergfadenfisch *Colisa lalia* (bis 5 cm lang, aus dem gleichen Gebiet), der Gestreifte Fadenfisch *Colisa fasciata* (10 bis 12 cm lang, Heimat Nordindien), der Mosaikfadenfisch *Trichogaster leerii* (bis zu 14 cm lang, Heimat Südostasien), der Marmorierte oder Punktierte Fadenfisch *Trichogaster trichopterus* (in Zuchtformen, bis zu 15 cm lang, Heimat Südostasien) sowie der Knurrende Gurami *Trichopsis vittatus* (bis 8 cm lang, Heimat Südostasien) sind.
Die meisten Fadenfische lassen sich gut vergesellschaften. Die

Trichogaster leerii

Trichopsis vittatus

Ctenopoma acutirostre

wärmebedürftigen Tiere sollen nicht bei Temperaturen unter 26 ° C gehalten werden. Die Allesfresser sind mit mittelhartem Wasser zufrieden. Die Küssende Gurami *(Helostoma temminckii)* ist ein Fisch, den man eigentlich nur in der kleinen Jugendform als schön bezeichnen kann. Beim Abweiden von Algen oder bei Scheinkämpfen stülpen die Fische ihre Lippen vor und haben dann ein Aussehen, das ihnen ihren Namen gab.
Die Südostasiaten, die auch im Aquarium bis zu 30 cm groß werden können, brauchen ein gut bepflanztes und mit einigen Wurzelstücken gegliedertes Aquarium. Die Fische sind anspruchslos und fast mit jedem Wasser zufrieden. Sie sind nicht so wärmebedürftig wie die vorgenannten Arten und können bei 24 ° C gehalten werden. Die meisten dieser Guramis sind weißlich gefärbt und haben einen fleischfarbenen Schimmer. Gelegentlich Varianten in Rötlich und Grünlich.
Der Schokoladengurami *(Sphaerichthys osphromenoides)* war lange Zeit für die Aquaristik ein Buch mit sieben Siegeln. Dem nur 5 cm groß werdenden Bewohner Südostasiens wurden fast alle vorkommenden Fortpflanzungsarten angedichtet, vom Lebendgebärenden bis zum Maulbrüter. Das lag wohl in erster Linie daran, daß die Nachzucht dieser Fische nicht so einfach ist wie die der meisten anderen Bekannten der Labyrintherfamilie. Das natürliche Vorkommen des Schokoladenguramis weicht von dem der anderen Arten wesentlich ab, da die Fische aus anderen Regionen stammen. Das Wasser muß für den Schokoladengurami sehr weich und kräftig sauer sein (0–3 ° dH und pH-Wert unter 6).
Nach verschiedenen irrtümlichen Angaben früherer Jahre kann man heute sagen, daß es sich bei den Fischen um Maulbrüter handelt. Danach werden die abgelaichten und befruchteten Eier vom Weibchen ins Maul (Kehlsack) genommen. Die Tiere sind recht wärmebedürftig und bei 28 ° C zu pflegen. Eine abwechslungsreiche Fütterung mit viel Beigabe von Insektenkost soll die Fische kräftigen und ihre Laichwilligkeit stärken.
Von den Labyrinthern Afrikas sind die weniger gepflegten Vertreter der Gattung *Ctenopoma*, der Buschfische, bekannt. Sie seien hier nur der Vollständigkeit halber erwähnt. Mit ihren asiatischen Familienangehörigen haben sie äußerlich nicht viel gemein. Obgleich sie in einem ähnlichen Biotop leben, sind viele von ihnen, wenn nicht die meisten, ausgesprochene Räuber, die sich in der Natur von kleinen Fischen und großen Insekten ernähren.
Ctenopoma acutirostre, der Marmorierte oder Leopard-Buschfisch, zählt leider, trotz aller Schönheit, nicht mehr zu den kleineren Arten. Er wird bis zu 15 cm lang. Seine Heimat ist der Kongo (heute Zaire), und der harte Bursche sollte nicht mit kleineren Arten vergesellschaftet werden, weil er sie unerbittlich jagen wird. Beckeneinrichtung am ehesten mit dichtem Pflanzenbestand und anderen aufgebauten Verstecken. In Bezug auf Lebendes sind die Tiere Allesfresser. Sie mögen mittelhartes Wasser und Temperaturen um 25 ° C. Größere Tiere nehmen auch Regen- und Mehlwürmer wie kleine Fische.

Stachelaale

Ich vermag nicht zu entscheiden, ob Stachelaale beliebte Aquarienfische sind oder nicht. Auch wenn ich sie nur gelegentlich in meinen Aquarien pflegte – negative Erfahrungen habe ich kaum mit ihnen gemacht, außer, daß sie kräftig springen können. Man muß somit vorsichtig beim Hantieren im Aquarium sein und andererseits das Becken gut abdecken, denn auch Stachelaale haben nicht nur Freunde unter den Mitbewohnern. Oft gibt es – meist im Dämmerlicht – eine schnelle Jagd, und wenn der Stachelaal der Verfolgte ist, kann es passieren, daß er sich seinem Verfolger mit einem Sprung zu entziehen sucht, wobei besonders größere Tiere eine enorme Sprungkraft zeigen können. Für sie ist dann meist ein Satz über den Beckenrand hinaus tödlich.

Die beiden Familien (Mastacembelidae und Chaudhuriidae) sind in der Ordnung Mastacembeliformes zusammengefaßt. Die namentlich bekanntere Familie Mastacembelidae umfaßt 4 Gattungen mit insgesamt über 60 Arten. Der Körper dieser Fische ist von feinen Schuppen bedeckt, während die der zweiten Familie schuppenlos sind. Die Gattungen sind: *Aethiomastacembelus, Caecomastacembelus, Macrognathus* und *Mastacembelus.*

Stachelaale werden meist mit Importen aus Südostasien (seltener aus Afrika) eingeführt. Wie der Aquarianer leicht feststellen kann, haben sie mit den echten Aalen nichts gemeinsam, und ihr deutscher Namenszusatz »...aal« dürfte sich wohl nur von ihrer Körperform ableiten. Bauchflossen fehlen oft. Die Ursprünge der (stacheligen vorderen) Rückenflosse beginnen direkt hinter dem Kopf. Von der Flosse blieben in der vorderen Körperhälfte nur die Stacheln (Name) – die Membranen fehlen. Ein Flossensaum zieht sich um die hintere Körperhälfte und ersetzt hier durchlaufend den weichen Teil der Rückenflosse sowie Schwanz- und Afterflosse.

Bei den Vertretern der Gattung *Macrognathus* sind Rücken-, Schwanz- und Afterflosse noch deutlich gegeneinander abgesetzt. Verbunden mit der Muskelkraft des Hinterkörpers wirkt der Flossensaum wie ein starkes Paddel, was den Fischen eine enorme Startgeschwindigkeit und die hier verschiedentlich erwähnte Sprungkraft verleiht. Er gibt den Tieren außerdem die Fähigkeit, in verschiedenen Körperhaltungen vorwärts wie auch rückwärts zu schwimmen.

Asiatische Exporteure liefern dem Handel mehr Tiere der bekannten Arten, als sie derzeit aus Afrika zu uns kommen. Es sind immer Jungtiere, die eingeführt werden. Auch wenn sie besonders attraktiv aussehen: Man soll sich vor der Anschaffung vergewissern, wie groß die Tiere, die man kaufen möchte, werden können.

Zu den häufiger eingeführten Arten gehören *Macrognathus aculeatus* aus Thailand und von der malaiischen Halbinsel. Sie werden etwa bis 35 cm lang.

Mastacembelus erythrotaenia

Attraktiver in der Musterung ist zweifellos *Mastacembelus argus*, der mit dem deutschen Namen »Pfauenaugenstachelaal« belegt ist. Die Fische sind vor allem in Thailand verbreitet. Sie können 34–38 cm lang werden, aber ihre Durchschnittslänge dürfte bei 25 cm liegen.
Zu den wegen ihrer auffälligen Färbung wohl beliebtesten Stachelaalen dürfte *M. erythrotaenia* gehören. Die Tiere stammen von der malaiischen Halbinsel und den beiden Großen Sundainseln Sumatra und Borneo. Wegen der kräftigen rotfarbenen Teile ihrer Musterung hat man den Tieren den deutschen Namen »Feuerstachelaal« gegeben. Im Vergleich zur vorgenannten Art werden diese jedoch viel hochrückiger und auch im Körperdurchschnitt voluminöser.
Von den afrikanischen Arten wurden in letzter Zeit gelegentlich mit Importen von Tanganjikasee-Cichliden Tiere verschiedener Stachelaalarten eingeführt. Sie brauchen sich in der Musterung hinter ihren asiatischen Verwandten nicht zu verstecken. Mit *Aethiomastacembelus moorii* sind das Jungtiere eines 40–45 cm lang werdenden Endemiten aus dem See und mit *A. frenatus* sehr schön gemusterte Exemplare einer 30–35 cm lang werdenden Art, deren Vertreter nicht nur im Tanganjikasee allein vorkommen, sondern weit darüber hinaus verbreitet sind.

Kugelfische

Was wir aus anderen Büchern wissen, ist die Vorliebe der Kugelfische für Schnecken. Die putzigen Fischlein mit den Kulleraugen sind mit den Kugelfischen des Meerwassers nahe verwandt und stellen in der Tat die besten Schneckenvernichter, die man sich denken kann. Diese Fähigkeit verdanken sie ihrem Körper- und Gebißbau. Klein und wendig können sie, hauptsächlich durch das Paddeln mit ihren Brustflossen, ihr Opfer umkreisen, um dann bei passender Gelegenheit mit dem schnabelartigen Gebiß

Tetraodon aff. *steindachneri*

Tetraodon lacortei

zuzubeißen. Bei Gefahr können sich die Tiere kugelförmig aufblähen, um so ihrem Gegner als »zu groß zum Fressen« zu erscheinen.
Zwei Arten sind es, die hauptsächlich im Handel angeboten werden: Der Grüne Kugelfisch *(Tetraodon fluviatilis)* und der Palembang-Kugelfisch *(T. steindachneri)*. Beide werden, man möchte es nicht glauben, gegebenenfalls bis 20 cm lang. Dabei sind die im Handel käuflichen Fische selten größer als 5 cm. Meist werden sie aber nicht alt, weil sie entweder falsch gehalten oder nach einiger Zeit (nachdem sie alle Schnecken vertilgt haben) wegen Anknabberns langflossiger Tiere wieder »abgeschafft« werden.
Kugelfische hält man, indem man ihnen ein nicht zu kleines Becken mit höhlenartigen Steinaufbauten und gemäßigter Randbepflanzung anbietet. Das Wasser sollte keinesfalls zu weich sein. Eine Haltung im Artbecken bringt große Vorteile, doch müssen dann Verstecke in ausreichendem Maße vorhanden sein, da sich die Fische gern untereinander befehden. Ihre Heimat sind die Küstenzonen Südostasiens. Die Wassertemperaturen können zwischen 22 und 26° C liegen.
Je nach Größe nehmen die Tiere auch verschieden große Futterstücke. Neben dem üblichen Lebendfutter kann man geschabtes Herz und gehackte Leber füttern. Vor allem Schnecken, die andere Aquarianer gern los wären, kann man ins Becken geben. Nur muß man dann gelegentlich den Boden von leeren Gehäusen befreien.

Schnecken

Die Schnecken nehmen in einem Aquarium eine besondere, nicht unwichtige Stelle ein. Schon unsere Großväter, die sich überwiegend mit der Haltung von Kaltwasserfischen begnügen mußten, kannten Schnecken als »Gesundheitspolizei«, die Algen vertilgen und auch überschüssige Futterreste »verwerten«. Ferner verzehren sie Fischkadaver und sorgen so dafür, daß sich nicht zu viele Giftstoffe im Aquarium ansammeln können.
Für das Kaltwasserbecken eignen sich neben der Roten Posthornschnecke (PLANORBIS CORNEUS), die auch im warmen Wasser zu Hause ist, besonders die 10 bis 12 mm große Deckelschnecke *(Bulimus tentaculus)* sowie die bis zu 35 mm große, lebendgebärende Sumpfdeckelschnecke *(Viviparus viviparus)*.
Alle Tiere sollten, bevor sie ins Aquarium gegeben werden, eine ausreichende Zeit (etwa 6 Wochen) in einem gesonderten Becken beobachtet werden, weil sie oft Krankheitskeime in sich tragen, die sich auf Fische übertragen können.
Die Warmwasseraquaristik kennt in erster Linie wiederum die Rote Posthornschnecke. Man braucht sie in den meisten Fällen nicht erst ins Aquarium zu setzen: Eines Tages sind sie von allein da. Trotz eines Pflanzenbades in Alaunlösung finden diese Tierchen einen Weg, sich in unseren Becken breitzumachen.
Solange die Menge der Gehäuseträger sich in Grenzen hält, können sie keinen Schaden anrichten. Wenn jedoch, durch besondere Umstände bedingt, eine plötzliche Massenvermehrung stattfindet, wird die Sache schwierig. Meist hilft sich der Aquarianer selbst, indem er die größeren Tiere von Bodengrund und Pflanzen »abpflückt« und aus dem Becken entfernt. Kleine Tiere kann man an der Aquarienscheibe zerdrükken – die Fische besorgen dann den Rest.
Die Indische Turmdeckelschnecke *(Melanoides tuberculata)* ist ein ausgesprochenes Nachttier, was wohl auch ihre geringe Popularität erklärt. Tagsüber pflügt sie den Bodengrund durch, wobei sie natürlich den Pflanzen nützt. Die Tiere sind lebendgebärend. Sie können nicht in zu weichem Wasser leben, da sie Kalk zum Bau ihres Gehäuses benötigen. Ihre Vermehrung findet aber schon bei Härtegraden ab etwa 4–6 statt. Das gilt pauschal auch für die meisten anderen Arten. Die Temperatur für diese bis zu 25 mm lang werdenden Tiere sollte nicht unter 20° C absinken.
Als Riesen unter den Aquarienschnecken gelten die verschiedenen *Ampullaria*-Arten, besser noch als »Apfelschnecken« bekannt. Sie sind bei vielen Aquarianern mit Recht sehr beliebt. Sie benötigen allerdings einen etwas ausgedehnteren Weideplatz und sind daher nicht für kleinere

Aquarien geeignet. Die Tiere fressen am liebsten das Futter, das man auch den Fischen anbietet. Bei ihrem Schneckentempo ist es allerdings schwer für sie, rechtzeitig an die Nahrungsquelle zu gelangen, so daß sie manchmal leer ausgehen. Bei der Verfütterung von Tubifex lauern sie oft direkt unter dem Futtersieb oder an der Stelle, an der das Lebendfutter zu Boden gesunken ist.
Die Schnecken saugen das Futter aus dem Boden. Als Algenfresser sind sie aber auch bei der Salatverfütterung keine Kostverächter! Sie können ein großes Salatblatt in kürzester Zeit vertilgen. Wer das beobachten möchte, kann ein Salatblatt (vorher gut abwaschen, Pflanzengift!) mit einem kleineren Stein beschweren und zu Boden sinken lassen. Man kann genau verfolgen, wie die Schnecke mit dem Mund Stückchen für Stückchen vom Salatblatt abzieht und verspeist.
Als Besonderheit verfügen Apfelschnecken über einen Schnorchel, den sie ausfahren können, wenn sie in weniger guten Gewässern auf die Einatmung atmosphärischer Luft angewiesen sind. Dieser Minirüssel erinnert in seinem Bau an den eines Elefanten. Bei Nichtgebrauch ist er eingezogen und nicht sichtbar. Bei Gefahr kann sich die Schnecke ganz in ihr Haus zurückziehen und die Öffnung mit einem Deckel verschließen.
Auch diese Schneckenart kann sich im Aquarium vermehren. Sie legt ihre Eier meist an einer vom Aquariumwasser nicht bedeckten Stelle der Aquarienscheiben an.
Aus den Eiern dieser südamerikanischen Gäste schlüpfen nach einiger Zeit viele kleine Jungtiere. Die meisten Aquarianer freuen sich über ihren Schneckennachwuchs, und viele Zoohändler kaufen ihn sogar ab.
Die Schlammschnecken haben einen bösen Ruf. Sie sind überwiegend Pflanzenfresser. Meist werden sie bei der Futtersuche in Tümpeln ins Becken eingeschleppt. Die Spitzschlammschnecke *(Lymnaea stagnalis)* ist die bekannteste unter den Schädlingen. Hat sie sich erst einmal im Aquarium seßhaft gemacht, ist sie sehr schwer wieder loszuwerden. Viele Schneckenarten vermehren sich schneller, als es dem Pfleger von Fischen und Pflanzen lieb sein kann. Viele Bekämpfungsmöglichkeiten sind mehr oder weniger erfolgreich ausprobiert worden. Radikal wirken verschiedene chemische Mittel – sie beseitigen aber gleichzeitig alle Schnecken. Ebenso gründlich wirkt sich das Einsetzen eines Kugelfisches aus.
Wer keinen Rat mehr weiß, der versuche es einmal mit *Tetraodon steindachneri* oder *T. fluviatilis*, den beiden kleinen Kugelfischarten. In dem Fall sollten jedoch Apfelschnecken, will man sie nicht ebenfalls verlieren, vor dem Einsetzen der Fische entfernt werden. Die Schneckenfresser sorgen in kurzer Zeit dafür, daß im Becken nur noch leere Gehäuse zu finden sind.
Trotz ihrer scheinbaren Behäbigkeit sind Kugelfische, will man sie fangen, schnelle Schwimmer. Wer sie nach vollbrachter Arbeit wieder aus dem Aquarium entfernen und umsetzen möchte (sie knabbern gern die langen Flossen anderer Fische an), der sollte es – nicht ohne das Becken vorher abzudunkeln – spätabends oder frühmorgens tun. Zu diesem Zeitpunkt sind die kleinen Kugelfische noch arg verschlafen und lassen sich leicht fangen.

Es gibt viele bekannte, aber auch einige erst in neuerer Zeit eingeführte Schneckenarten. Besonders interessant sind die 6–7 cm großen Apfelschnecken. Sie führen ein amphibisches Leben und verfügen über Kiemen und Lunge. Mit ihrem vorstülpbaren Atemrohr (Foto) können sie direkt atmosphärische Luft aufnehmen. Die Eier werden in traubenförmigen Gelegen oberhalb des Wasserspiegels angeheftet

Register